建筑工人职业技能培训教材

装饰装修工程系列

油 漆 工

《建筑工人职业技能培训教材》编委会 编

中国建材工业出版社

图书在版编目(CIP)数据

油漆工/《建筑工人职业技能培训教材》编委会编
. —— 北京：中国建材工业出版社，2016.8
建筑工人职业技能培训教材
ISBN 978-7-5160-1536-0

Ⅰ. ①油… Ⅱ. ①建… Ⅲ. ①建筑工程－涂漆－技术
培训－教材 Ⅳ. ①TU767

中国版本图书馆 CIP 数据核字(2016)第 145022 号

油漆工
《建筑工人职业技能培训教材》编委会 编
出版发行：中国建材工业出版社
地　　址：北京市海淀区三里河路 1 号
邮　　编：100044
经　　销：全国各地新华书店
印　　刷：北京雁林吉兆印刷有限公司
开　　本：850mm×1168mm 1/32
印　　张：7
字　　数：150 千字
版　　次：2016 年 8 月第 1 版
印　　次：2016 年 8 月第 1 次
定　　价：24.00 元

本社网址：www.jccbs.com　微信公众号：zgjcgycbs
本书如出现印装质量问题，由我社市场营销部负责调换。电话：(010)88386906

前　言

《中华人民共和国就业促进法》、国务院《关于加快发展现代职业教育的决定》[国发(2014)19号]、住房和城乡建设部《关于印发建筑业农民工技能培训示范工程实施意见的通知》[建人(2008)109号]、住房和城乡建设部《关于加强建筑工人职业培训工作的指导意见》[建人(2015)43号]、住房和城乡建设部办公厅《关于建筑工人职业培训合格证有关事项的通知》[建办人(2015)34号]等相关文件,对全面提高工人职业操作技能水平,以保证工程质量和安全生产做出了明确的要求。

根据住房和城乡建设部就加强建筑工人职业培训工作,做出的"到2020年,实现全行业建筑工人全员培训、持证上岗"具体规定,为更好地贯彻落实国家及行业主管部门相关文件精神和要求,全面做好建筑工人职业技能教育培训,由中国工程建设标准化协会建筑施工专业委员会、黑龙江省建设教育协会、新疆建设教育协会会同相关施工企业、培训单位等,组织了由建设行业专家学者、培训讲师、一线工程技术人员及具有丰富施工操作经验的工人和技师等组成的编审委员会,编写这套《建筑工人职业技能培训教材》。

本套丛书主要依据住房和城乡建设部、人力资源和社会保障部发布的《职业技能岗位鉴定规范》《中华人民共和国职业分类大典(2015年版)》《建筑工程施工职业技能标准》《建筑装饰装修职业技能标准》《建筑工程安装职业技能标准》等标准要求,以实现全面提高建设领域职工队伍整体素质,加快培养具有熟练操作技能的技术工人,尤其是加快提高建筑业农民工职业技能水平,保证建筑工程质量和安全,促进广大农民工就业为目标,重点抓住建筑工人现场施工操作技能和安全为核心进行编制,"量身订制"打造了一套适合不同文化层次的技术工人和读者需要的技能培训教材。

本套教材系统、全面地介绍了各工种相关专业基础知识、操作技能、安全知识等,同时涵盖了先进、成熟、实用的建筑工程施工技术,还包括了现代新材料、新技术、新工艺和环境、职业健康安全、节能环保等方面的知识,力求做到了技术内容最新、最实用,文字通俗易懂,语言生动简洁,辅以大量直观的图表,非常适合不同层次水平、不同年龄的建筑工人职业技能培训和实际施工操作应用。

丛书共包括了"建筑工程"、"装饰装修工程"、"安装工程"3大系列以及《建筑工人现场施工安全读本》,共25个分册:

一、"建筑工程"系列,包括8个分册,分别是:《砌筑工》《钢筋工》《架子工》《混凝土工》《模板工》《防水工》《木工》和《测量放线工》。

二、"装饰装修工程"系列,包括8个分册,分别是:《抹灰工》《油漆工》《镶贴工》《涂裱工》《装饰装修木工》《幕墙安装工》《幕墙制作工》和《金属工》。

三、"安装工程"系列,包括8个分册,分别是:《通风工》《安装起重工》《安装钳工》《电气设备安装调试工》《管道工》《建筑电工》《中小型建筑机械操作工》和《电焊工》。

本书根据"油漆工"工种职业操作技能,结合在建筑工程中的实际应用,针对建筑工程施工材料、机具、施工工艺、质量要求、安全操作技术等做了具体、详细的阐述。本书内容包括建筑色彩的认知和应用,涂料的组成及功能,常用建筑涂料,油漆、涂料的调配,油漆工常用工具、机具,基层处理,油漆工操作技法,溶剂型涂料施工,水溶性涂料施工,美术涂饰工艺,防火、防腐涂料施工,油漆工岗位安全常识,相关法律法规及务工常识。

本书对于加强建筑工人培训工作,全面提升建筑工人操作技能水平具有很好的应用价值,不仅极大地提高工人操作技能水平和职业安全水平,更对保证建筑工程施工质量,促进建筑安装工程施工新技术、新工艺、新材料的推广与应用都有很好的推动作用。

由于时间限制,以及编者水平有限,本书难免有疏漏之处,欢迎广大读者批评指正,以便本丛书再版时修订。

编　者

2016 年 8 月　北京

中国建材工业出版社
China Building Materials Press

我 们 提 供

图书出版、图书广告宣传、企业/个人定向出版、设计业务、企业内刊等外包、
代选代购图书、团体用书、会议、培训，其他深度合作等优质高效服务。

编 辑 部
010-88386119

出版咨询
010-68343948

市场销售
010-68001605

门市销售
010-88386906

邮箱：jccbs-zbs@163.com　　网址：www.jccbs.com

发展出版传媒　　服务经济建设

传播科技进步　　满足社会需求

目录
CONTENTS

第1部分　油漆工岗位基础知识

一、建筑色彩的认知和应用

大自然是一个彩色的世界。建筑色彩发展到今天,已经与建筑融为一个完整的艺术整体。色彩为建筑增添了魅力,建筑为城市增添了流光溢彩。涂料作为建筑色彩表现的一种手段和形式,在建筑中有其重要的地位。油漆工的作业,几乎置身于色彩环境中。

油漆工懂得色彩基本知识,并能够灵活运用,是学艺入门的重要一步。

1. 色彩基本知识

色彩是在物体反射光作用于人的视觉器官上引起的一种感觉。人们只有通过色彩,才能被感知到建筑物的存在。通过已获得的大量信息的比较,就能判断出所看到建筑的色和形。

(1)色彩的产生。

色彩的形成过程,前面讲的是从物理学这个角度来解释的。如在漆黑的房间里,我们就看不出本来涂饰的奶黄色的墙面。

油漆工要偏重从心理学这个角度,理解色彩。重视人的感官知觉对色彩的反应,重视审美带来的愉悦。

(2)色彩的属性。

认识色彩的特性,首先要了解色彩的基本属性。所有的色彩都具有三种独立可变的属性和范围,它们是色相、明度(亮度)、彩度(纯度)。三者在任何一个物体上的颜色都能同时显现出来,不可分离,也称色彩三要素。

①色相。

色彩的范围,也可以理解为是色彩的相貌和名称。即使是同一色彩,也很丰富,如红色就有浅红、粉红、大红等。从理论上说,色相的数目是无穷的。

②明度。

色彩的明亮程度或浓淡差别。一般情况下,光源越强,明度越高。物体反射率越高,明度也越高。其次,反射率高低还决定于不同的色彩。黄色明度就亮,蓝色明度就暗。除了白色以外的任何颜色,加入白色的量和亮度是成正比的。相反,无论何种色彩只要加入黑色,明度就降低了;加入了黑色的量与亮度成反比。

③纯度。

指色彩的鲜艳程度,又称饱和度。一般情况下含标准色成分越多,色彩就越鲜艳,纯度也就越高。例如,红色就比橙红或橙色含红的纯度高,反之亦然。

(3)色彩的运用。

①色彩运用原理。

在建筑装饰装修中,对于色彩的运用,可以用不同的色光和色料创造良好的形象。通过色光和色料组织和混合,可以产生不同形态的色彩气氛和色彩环境。

a. 色光的原色。指红、绿、蓝,它们按一定的方式混合得到的光是白色的光。

b. 色料的原色。指红、黄、蓝,它们按一定的量进行原色色料的混合得到的是黑色。

红、黄、蓝三种颜色无法由其他颜色配制而成,我们把这三种颜色称为一次色,即原色。

由两种原色混合而成的颜色称为间色或二次色。

复色也称三次色、再间色,是由三种原色或两种间色按不同比例混合而成的。三原色、间色、复色的相互关系,见图1-1。

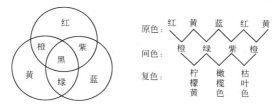

图 1-1 三原色、间色、复色的相互关系

②运用建筑色彩的主要原则。

a.满足建筑技术的要求。

建筑色彩的运用,首先要考虑能否满足建筑设计的要求,其次要考虑是否受到建筑技术的制约,还要考虑到所用建筑涂料表现的色彩范围。

色彩运用体现的自然感,是人们崇尚自然的追求。原始建筑的色彩是靠材料本身固有的颜色来表现的。如当代建筑的外墙用石材贴面,室内仿木纹、仿大理石纹,就是传统审美情趣的反映。随着建筑技术的进步,建筑色彩的运用已经成了一种装饰语言。建筑构件涂饰鲜艳色彩除了具有保护作用外,还增强了识别性,这都体现了建筑设计的要求。如窗与墙,梁与柱涂饰不同的颜色,清晰地交待了交接处的构造处理。

b.满足建筑功能的需要。

建筑色彩与建筑功能要求,决定二者之间是相容的。用不同的色彩反映不同的功能,体现了色彩与功能的一致性。

　　商业建筑色彩的运用,追求醒目、强烈,向人们传递了一种特殊的信息,借以促进消费。在人多拥挤的空间采用膨胀色;冷加工车间采用暖色,都体现出建筑功能的需要。

　　c. 满足建筑形象的表达。

　　建筑实体、建筑质地、建筑色彩共同的作用勾勒出建筑形象。建筑色彩只有依附于建筑形体才能更好地表达,建筑形体只有通过色彩、图案的变化才能更好地诠释建筑本身。中国仿古建筑梁枋上的彩画,透过建筑形体向我们传递了浮想联翩的信息,留给后人传统美的情趣。

　　d. 满足协调建筑环境美的需求。

　　建筑环境分为自然环境和城市环境。不同的环境要注意运用不同的建筑色彩。

　　在城市环境中的建筑色彩受到所处环境的影响。建筑色彩的选择,要根据建筑物在环境中的地位及功能决定。

　　在自然环境中的建筑色彩受到自然环境的制约。建筑色彩的选用不仅要考虑青山绿水对其的衬托作用,又要注重建筑色彩对其的点缀作用。要与环境色彩形成对比、反差。绿与红反差强烈,万绿丛中一点红,美不胜收,就是这个道理。

2. 建筑色彩的功能

　　(1)生理效应和心理作用。

　　建筑色彩通过人的视觉感应,使人们在生理上能产生一定的共性反映。

　　人在绿色的环境中,感到安静;红色的环境中使人精神亢奋。当代的建筑色彩设计越来越重视对生理功能的作用,住宅小区的外墙多采用亮度高、纯度低的色彩。

　　建筑色彩通过人的心理作用,会引起人的感情变化和共同感受。在色彩的选用和处理方面,要考虑人的心理感觉。

①温度感(暖色与冷色)。

红色、橙色以及以红、橙为主的混合色容易使人联想到太阳、火焰,感到温暖,称之为暖色;以蓝色、绿色以及以蓝色为主的混合色使人联想到蓝天、大海,感到凉爽,称之为冷色。南方民居小宅,青瓦、白墙,在炎热的夏季使人感到凉意。起居室一般采用近似色,构成房间暖色调,使人感到家的温馨。

②距离感。

色相、纯度和明度,会产生远近的感觉。赤、橙、黄具有前进、扩大的特征;青绿、青紫、紫就产生后退、缩小的特征。建筑色彩的运用要考虑这一功能给人们带来的心理感受。有助于调节空间大小的感觉,住宅较小的间距宜选用后退色,空旷的房间、过高的顶棚宜选用前进色,以建筑色彩的灵活运用来改善空间的质量。

③轻重感。

明度决定色彩的轻重感,色彩的轻重感是通过人们的联想产生的。明度越高给人的感觉越轻快,反之亦然。例如中国传统宫殿建筑的黄瓦、红墙、白色基座,给人以稳重的感觉,显得庄重而威严。

④体量感。

色相和明度会导致人们对同一建筑物产生大小不同的感觉。用暖色和明度高的色彩涂饰建筑物,令人感到整个建筑体量增大,这样的颜色称之为膨胀色;用冷色和暗色涂饰建筑物,会令人感到建筑物体量缩小,这样的颜色称之为收缩色。

(2)造型功能和标志作用。

建筑色彩造型功能与色彩的体量感,其相同点能改变人的感觉。这里指的造型功能,是建筑色彩表现建筑效果的必然性。

色彩与建筑是客观存在的,我们不可能想象建筑是没有色彩的,也不能想象色彩不依附于建筑。建筑作为一门艺术,是通过建筑色彩表现出来的。

当代城市建筑的绚丽风貌,说明人们审美进入了一个新的境界。不仅单体建筑的风格呈多样性,单体建筑也趋向色彩的多样性涂饰。在同一墙面上选用多种色彩,不仅可以改变建筑形象,而且也更好地表达了建筑。在单一暗色的大面积玻璃幕墙上点缀几块明度高的色块,会带给人动感和生机。砖墙的橙色,使建筑物具有古典深沉的意境。门框饰以白色,使整个建筑更显明快。

建筑物的个性特征,除依靠本身特有形体造型外,在很大程度上就只能靠色彩来表现了。色彩不仅能表现出建筑物与建筑物之间的差异,还能向人们传递建筑物的功能信息。

国外一些著名的大城市采用统一的色调,构成了整个城市的标志。当代国内的居住小区,在建筑形象较难突出个性的情况下,主要靠色彩的运用加以区别。住宅小区,为突出个性,采用高明度、高纯度的色彩,与绿色的草地树林、湖水相映,格外引人注目。在商业建筑方面,色彩作为标志,更为普遍和广泛。

掌握了色彩的有关基础知识,对于建筑色彩的运用,要遵循"天人合一"的原则。大自然的色调是和谐统一的,因此建筑色彩的运用应该与大自然融合为一个整体。无论在建筑物表面或内部空间,在色彩的运用中,要把"主导色"的色相设置的面积最大,纯度最低;"调节色"次之,面积较小;而色相纯度最强的重点色则面积最小。这样的处理才能达到色彩的协调。

二、涂料的组成及功能

1. 涂料的组成

建筑涂料的品种繁多,但归纳起来其组成物质主要是胶粘剂、颜料、溶剂及辅助材料。

(1)胶粘剂。

胶粘剂是组成涂料的基本物质,也是主要成膜物质,它可以单独成膜,也可以胶粘颜料等共同成膜。胶粘剂可分成油料和树脂两大类。

(2)颜料。

颜料在涂料中是次要成膜物质,它是微细粉末状的有色物质,不溶于水和油,微溶于有机溶剂,但能均匀地分散于水和油中,而被广泛地应用于涂料中。

颜料品种的分类,按化学成分分为有机颜料和无机颜料;按其在涂料中的作用分为着色颜料、防锈颜料和体质颜料。

(3)溶剂。

凡能溶解植物油、树脂、纤维素衍生物、沥青、虫胶等成膜物质的、易挥发的有机溶液称为溶剂。溶剂在涂料中的作用:

①溶解成膜物质,降低涂料的黏度,便于施工操作。

②增加涂料贮存的稳定性,减少表面结皮。

③增强涂层的附着力,改善涂膜的流平性。

(4)辅助材料。

辅助材料又名辅助剂,加入辅助材料的目的是为了改进涂料的性能,其掺量虽少,但作用很显著。常用的辅助材料有催干剂、增塑剂、分散剂、固化剂、消泡剂、防沉降剂、防结皮剂、防霉剂等。

2.涂料的功能

建筑涂料与其他饰面材料相比,附着力强,涂膜坚硬,色泽鲜明,质感丰富,具有耐老化、耐污染、保色等特性。

(1)装饰功能。

用建筑涂料涂饰建筑物内外表面能美化建筑物。装饰效果比传统装饰更为清新、明快、立体感强。如在涂料中掺入骨料,采用拉毛、喷点、滚花、复层喷涂等新工艺,可以获得理想的纹理和丰富的图案。

(2)保护功能。

建筑物在自然环境中,免不了风吹、雨打、日晒,以及受空气中有害气体对其的破坏作用。日积月累,会使建筑物表面产生风化、剥落、破损等现象。室内建筑物表面也存在这类问题,只是被侵蚀的速度慢些。

如果在建筑物基层涂饰涂料,依靠形成的涂膜进行完整的覆盖,就多了一层具有一定硬度,又有一定韧性、耐水性、耐候性、耐化学侵蚀、耐污染的保护层,从而延长了建筑物的使用寿命。从这个角度来说,建筑涂料的保护功能是第一位的。

(3)特殊功能。

目前,随着大量乳液性高分子材料的问世,各种助剂的出现,提高了建筑涂料的性能指标,使其除具有装饰和保护功能外,还具有防水、防火、防霉、防静电、隔热等功能,更好地为人们创造了一个安全、舒适的环境。

①防水。防水涂料可以在建筑物基层形成一个完整封闭的防水层,适用于结构复杂的屋面的防水,克服了卷材防水层接缝多的缺陷,更适用于轻型屋面的防水。

②防火。防火涂料涂饰在建筑物表面,起着隔火、阻燃、延

缓火焰在物体表面传播速度或起推迟结构破坏时间的作用。

③防腐。防腐涂料具有良好的抵抗酸碱盐能力,起着腐蚀介质与建筑物内外表面中间隔离层的作用,阻止或延缓腐蚀现象的发生和发展。

④防霉。防霉涂料具有杀灭或抑制霉菌生长的功能。如目前采用的水性广谱防霉涂料,采用高分子乳液成膜物质添加复合防霉剂达到杀菌目的。

其他特种涂料,如吸声涂料、防静电涂料、防辐射涂料,我们可以从字面上去理解其特殊功能。

三、常用建筑涂料

1. 常用清漆的品种及用途

(1)酯胶清漆。

它是由干性油和甘油松香加热熬炼后,加入 200 号溶剂汽油或松节油调配制成的中、长油度清漆,其漆膜光亮、耐水性较好,但次于酚醛清漆,有一定的耐候性,适用于普通家具罩光。

(2)酚醛清漆。

它是由松香改性酚醛树脂与干性油熬炼,加催干剂和 200 号溶剂汽油或松节油作溶剂制成的长油度清漆。其耐水性比酯胶清漆好,但容易泛黄,主要适用于普通、中级家具罩光和色漆表面罩光。

(3)醇酸清漆。

它是由干性油改性的中油度醇酸树脂溶于松节油或 200 号溶剂、汽油与二甲苯的混合溶剂中,并加适量催干剂制成。其漆的附着力、耐久性比酯胶清漆和酚醛清漆都好,能自干,耐水性次于酚醛清漆,适用于室内外木器表面和作醇酸磁漆表面罩光用。

（4）过氯乙烯清漆。

它是由过氯乙烯树脂与氯族苯等增韧剂、酯、酮、苯类溶剂制成。其干燥快、颜色浅、耐酸碱盐性能好，但附着力差，适用于化工设备管道表面防腐及木材表面防火、防腐、防霉。

（5）过氯乙烯木器清漆。

它是由过氯乙烯树脂、松香改性酚醛树脂、蓖麻油松香改性醇酸树脂等分别加入增韧剂、稳定剂、酯、酮、苯类溶剂制成。其干燥较快，耐火，保光性好，漆膜较硬，可打蜡抛光，耐寒性也较好，供木器表面涂刷用。

（6）硝基木器清漆。

它是由硝化棉、醇酸树脂、改性松香、增韧剂、酯、酮、醇、苯类溶剂组成。漆膜具有很好的光泽，可用砂蜡、光蜡抛光，但耐候性较差，适用于中、高级木器表面，木质缝纫机台板，电视机，收音机等木壳表面涂饰。

（7）硝基内用清漆。

它是由低黏度硝化棉、甘油、松香酯、不干性醇酸、树脂、增韧剂、酯、醇、苯等溶剂组成。漆膜干燥快，有较好的光泽，但户外耐久性差，适用于室内木器涂饰，也可供硝基内用磁漆罩光。由于有较多的甘油、松香、树脂，所以不宜打蜡抛光，适宜做理光工艺。

（8）丙烯酸木器漆。

它的主要成膜物质是甲基丙烯酸不饱和聚酯和甲基丙烯酸酯改性醇酸树脂，使用时按规定比例混合，可在常温下固化，漆膜丰满，光泽好，经打蜡抛光后，漆膜平滑如镜，经久不变。漆膜坚硬，附着力强，耐候性好，固体含量高，适用于中、高级木器涂饰。

（9）聚氨酯清漆。

它有甲、乙两个组分。甲组分由羟基聚酯和甲苯二异氨酸酯的预聚物组成。乙组分是由精制蓖麻油、甘油松香与邻苯二甲酸酐缩聚而成的羟基树脂。其附着力强，坚硬耐磨，耐酸碱性和耐水性好，漆膜丰满、平滑光亮，适用于木器家具、地板、甲板等涂饰。

2. 常用色漆的品种及用途

（1）各色油性调和漆。

它是由干性油、颜料、体质颜料经研磨后加催干剂、200 号溶剂汽油或松节油制成。比酯胶调和漆耐候性好，但干燥慢、漆膜较软，适用于室内外木材、金属和建筑物等表面涂饰。

（2）各色酚醛调和漆。

它是由长油度松香改性酚醛树脂与着色颜料、体质颜料经研磨后，加催干剂、200 号溶剂汽油制成。漆膜光亮、色泽鲜艳，适用于室内外一般金属和木质物体等的不透明涂饰。

（3）各色酚醛地板漆。

它是由中油度酚醛漆料、铁红等着色颜料、体质颜料经研磨，加催干剂、200 号溶剂汽油等制成。漆膜坚韧、平整光亮，耐水、耐磨性好，适用于木质地板或钢质甲板。

（4）各色醇酸磁漆。

它是由中油度醇酸树脂、颜料、催干剂、有机溶剂制成。漆膜平整光亮、坚韧、机械强度和光泽度好，保光保色，耐候性均优于酚醛磁漆，耐水性次于酚醛清漆，适用于室内各种木器涂饰。

（5）各色过氯乙烯磁漆。

它是由过氯乙烯树脂、醇酸树脂、颜料、增韧剂和酯、酮、苯类溶剂制成。其干燥较快，漆膜光亮，色泽鲜艳，能打磨，耐候性好,适用于航空、金属、织物及木质表面用漆。

(6)各色过氯乙烯防腐漆。

它是由过氯乙烯树脂、醇酸树脂、颜料、增韧剂和酯、酮、苯类溶剂制成,具有优良的耐酸、耐碱、耐化学性。其常用于化工机械、管道、建筑五金、木材及水泥表面的涂饰,以防止酸、碱等化学药品及有害气体的侵蚀。

(7)各色丙烯酸磁漆。

它是由甲基丙烯酸酯、甲基丙烯酸、丙烯酸共聚树脂等分别加入颜料、氨基树脂、增韧剂、酯、酮、醇、苯类溶剂制成,具有良好的耐水、耐油、耐光、耐热等性能,可在150℃左右长期使用,供轻金属表面涂饰。

(8)各色环氧磁漆。

它是由环氧树脂色浆与乙二胺(或乙二胺加成物)双组分按比例混合而成。其附着力、耐油耐碱、抗潮性能很好,适用于大型化工设备、贮槽、贮管、管道内外壁涂饰,也可用于混凝土表面。

3. 常用水乳性涂料的品种、性能与用途

(1)乳胶漆。

乳胶漆也称乳胶涂料,是一种浆状的新型涂料。它是由合成树脂乳液加入颜料、填充料以及保护胶体、增塑剂、润湿剂、防冻剂、消泡剂、防霉剂等辅助材料,经过研磨或分散处理后制成涂料。

①合成树脂乳胶漆特点。

a.乳胶漆以水作为分散介质,完全不用油脂和有机溶剂,调制方便,不污染空气,不危害人体。

b.涂膜透气性好。它的涂膜是气空式的,内部水分容易蒸

发,因而可以在 15% 含水率的墙面上施工。

c. 涂层结膜迅速。在常温下(25℃左右)30min 内表面即可干燥,120min 内可完全干燥成膜。

d. 涂膜平整,色彩明快而柔和,附着力强,耐水、耐碱、耐候性良好。

e. 施工方便,涂刷性好,施工时可以采用刷涂、滚涂、喷涂等方法。

由于乳胶漆具有以上的优良性能,因而非常适宜作内墙面装饰,其装饰效果可以与无光油漆相媲美。

②乳胶漆的品种。

乳胶漆有醋酸乙烯乳胶漆、丙烯酸酯乳胶漆、苯丙乳胶漆、乙丙乳胶漆、聚氨酯乳胶漆等。

a. 醋酸乙烯乳胶漆。醋酸乙烯乳胶漆是由醋酸乙烯共聚乳液加入颜料、填充料及各种助剂,经过研磨或分散处理而制成的一种乳液涂料。醋酸乙烯乳胶漆以水作分散介质,无毒、无臭味,不燃。涂料体质细腻,涂膜细洁、平滑、无光,色彩鲜艳,有良好的装饰效果。涂膜透气性好,可以在含水率为 8% 以下的潮湿墙面上施工,不易产生气泡。施工可采用刷涂、滚涂等方法,施工工具容易清洗,适宜用作内墙面涂饰。

b. 苯丙乳胶漆。苯丙乳胶漆种类有 SB12—31 苯丙有光乳胶漆、SB12—71 苯丙无光乳胶漆等。

SB12—31 苯丙乳胶漆是由苯乙烯酸酯共聚的乳液为基料,以水作稀释剂,加入颜料及各种助剂分散而成的一种水性涂料。它以水作分散介质,具有干燥快、无毒、不燃等优点,施工方便,可采用刷涂、滚涂、喷涂等方法进行操作。漆膜附着力、耐候、耐水、耐碱性均好,且有良好的保光、保色性。其可在室内外墙面上使用,并可代替一般油漆和部分醇酸漆在室外使用,故适用于高层建筑和各种住宅的内外墙装饰涂装。

c. 乙丙乳胶漆。乙丙乳胶漆有 VB12—31 有光乙丙乳胶漆和 VB12—71 无光乙丙乳胶漆等。乙丙乳胶漆（有光、无光等）采用乙酸乙烯酯、丙烯酸酯等单体为主要原料，经乳液聚合成高分子聚合物，加入颜料、填充料和各种助剂配制而成。它有如下的特性和用途：用水稀释，无毒、无味，易加工，易清洗，可避免因使用有机溶剂而引起的火灾和环境污染；涂层干燥快，涂膜透气性好；涂膜耐擦洗性好，可用清水或肥皂水清洗；漆质均匀而不易分层，遮盖力好。

d. 丙烯酸酯乳胶漆。丙烯酸酯乳胶漆亦称为纯丙烯酸酯聚合物乳胶漆，是一种优质的外墙涂料。它由甲基丙烯酸甲酯、丙烯酸丁酯、丙烯酸乙酯等丙烯酸多单体加入乳化剂、引发剂等，经过乳液聚合反应而制得纯丙烯酸酯乳液，以该乳液作为主要成膜物质，再加入颜料、填充料水及其他助剂，经分散、混合、过滤而成乳液型涂料。它的突出优点是涂膜光泽柔和，耐候性、保光性、保色性都很优异，在正常情况下使用，其涂膜耐久性可达 5～10 年以上。施工方便，可采用喷涂、刷涂、滚涂等方法进行，施工温度应在 4℃以上，头道漆干燥时间约为 2～6h，二道漆干燥时间为 24h。

（2）仿瓷涂料。

仿瓷涂料是一种新型无溶剂涂料，它填补了一般涂料在某些性能上的不足，涂刷后的表面具有瓷面砖的装饰效果。

仿瓷涂料的涂膜具有突出的耐水性、耐候性、耐油及耐化学腐蚀性能，附着力强，可常温固化，干燥快，涂膜硬度高，柔韧性好，具有优良的丰满度，不需抛光打蜡，涂膜的光泽像瓷器。

仿瓷涂料主要用于建筑物的内墙面，如厨房、餐厅、卫生室、浴室以及恒温车间等的墙面、地面，特别适用于铸铁、浴缸、水泥地面、玻璃钢制品表面,还能涂饰高级家具等。

由于该涂料具有优良的高光泽,如在厨房、餐厅、卫生室的墙面涂刷白色涂料,犹如接缝的大块瓷砖贴于墙面,其光泽显眼夺目,色泽洁净。

仿瓷涂料由 A、B 两个组分组成,A 组分和 B 组分的常规比例为 1∶(0.3~0.6),但也可按被涂物的要求配制,B 组分量多,涂膜硬度高,反之涂膜柔韧性好。两组分混合后搅拌均匀,静置数分钟,待气泡消失方能施工。该涂料的施工与一般油漆相同,施工前必须将被涂物基层表面的油污、凸疤、尘土等清理干净,并要求基层干燥平整,施工墙面含水率一般控制在 8% 以下。不平整的被涂基层,必须用腻子批刮填平。涂料的使用必须随配随用,A、B 两个组分混合后,最宜在 8~10h 内用完,最多不得超过 12h,否则涂料会增稠胶化,不能使用。用后剩余的涂料,不得再倒入原装容器内,否则会影响原装涂料的施工质量。涂料施工后,保养期为 7d,在 7d 内不能用沸水或含有酸、碱、盐等液体浸泡,也不能用硬物刻划或磨涂膜。

(3)丙烯酸酯外墙涂料。

丙烯酸酯外墙涂料是以热塑性丙烯酸酯合成树脂为主要成膜物质,加入溶剂、颜料、填充料、助剂等,经研磨后制成的一种溶剂挥发型涂料。它是国内外建筑外墙涂料的主要品种之一,其装饰效果良好,使用寿命约在 10 年以上。该涂料已在高层住宅建筑外墙及与装饰混凝土饰面配合应用,效果甚佳,目前主要用于外墙复合涂层的罩面涂料。

丙烯酸酯涂料中常用的溶剂有丙酮、甲乙酮、醋酸溶纤剂及醋酸丁酯等。此外,芳香烃及氯烃也都是较好的溶剂。溶剂的用量在 50%~60%,为了改善涂料的性能,还可以加入少量的其他助剂,如偶联剂、紫外线吸收剂等。偶联剂的加入量为涂料的 1％左右。

丙烯酸酯外墙涂料有如下特点:耐候性良好,长期日晒雨淋涂层不易变色、粉化或脱落;渗透性好,与墙面有较好的粘结力,并能很好地结合,使用时不受温度限制,在零度以下的严寒季节施工,也能很快干燥成膜;施工方便,可采用刷涂、滚涂、喷涂等工艺;可以按用户的要求,配制成各种颜色。

(4)氯化橡胶外墙涂料。

氯化橡胶外墙涂料又称为氯化橡胶水泥漆。它是由氯化橡胶、溶剂、增塑剂、颜料、填充料和助剂等配制而成的溶剂型外墙涂料。

溶剂有芳香族烃类、酯类、酮类、氯化烃等。常用的溶剂有二甲苯、200 号煤焦溶剂,有时也可加入一些 200 号溶剂汽油以降低对底层涂膜的溶解作用,从而增进涂刷性与重涂性。

氯化橡胶外墙涂料有如下特点:氯化橡胶涂料为溶剂挥发型涂料,涂刷后随着溶剂的挥发而干燥成膜;在常温环境中 2h 以内可表干,数小时后可复涂第二遍,比一般油性漆快干数倍;氯化橡胶涂料施工不受气温条件的限制,可在 −70℃ 低温或 50℃ 高温环境中施工,涂层之间结合力、附着力好;涂料对水泥和混凝土表面及钢铁表面具有良好的附着力。氯化橡胶外墙涂料具有优良的耐碱、耐水和耐大气中的水汽、潮湿、腐蚀性气体的性能,其次还具有耐酸和耐氧化的性能,有良好的耐久性和耐候性;涂料能在户外长期暴晒,稳定性好,漆膜物化性能变化小;涂膜内含大量氯,霉菌不易生长,因而有一定的防霉功能;氯化橡胶涂层具有一定的透气性,因而可以在基本干燥的基层墙面上施工。

(5)水乳型环氧树脂外墙涂料。

水乳型环氧树脂涂料是由 E—44 环氧树脂配以乳化剂、增稠剂、水,通过高速机械搅拌分散为稳定性好的环氧乳液,再与颜料、填充料配制而成的厚浆涂料(A 组分),再以固化剂(B 组分)与之混合均匀而制得。这种外墙涂料采用特制的双管喷枪可一次喷涂成仿石纹(如花岗石纹等)的装饰涂层。

水乳型环氧树脂外墙涂料的特点是与基层墙面粘结牢固,涂膜不易粉化、脱落,有优良的耐候性和耐久性。

在喷涂时,为了防止涂料飞溅面污染其他饰面,对门窗等部位必须用塑料薄膜或其他材料遮挡,如有污染应及时用湿布抹净。双组分涂料施工,应现配现用,调配时间过长会影响施工质量。涂料的使用时间一般以当天施工的气温而定。为了增加其涂层表面的光亮度,常采用溶剂型丙烯酸涂料或乳液型涂料罩面,罩面时应待涂层彻底固化干燥后进行。

▶ 4. 建筑涂料的选择

建筑涂料的选择应注重质量和功能的要求,对建筑涂料的质量指标要多加关注和了解,建筑涂料的选择应注意以下两点:

(1)与建筑物的应用目的是否一致。

应用目的主要是指遮盖力、耐洗刷性、耐老化性是否达到应用要求。

①遮盖力。建筑涂料的遮盖力是指涂膜遮盖基层表面不露底色的能力,即单位千克重量涂料可涂刷的面积。涂刷面积应以湿遮盖能力为准,如以干遮盖能力计算,就会降低涂层的质量。

②耐洗刷性。耐洗刷性是建筑涂料(特别是外墙涂料)一个特别重要的质量指标。涂料的耐洗刷性低,建筑涂料经雨水冲刷,或经清洁墙面的擦洗后,基层就容易露底。

③耐老化性。建筑涂料的耐老化性,是指其发挥正常功能

的使用寿命。外界很多因素都会导致建筑涂料性能发生变化，如褪色、变色、粉化、龟裂等。衡量建筑涂料的耐老化性的标准：一是初始的质量指标；二是其老化后的性能变化。

（2）为达到应用目的必须具备的性能。

建筑涂料为达到应用目的，应该具备外观质量、含固量等标准性能。外观质量俗称开罐性，是直观判断涂料质量的最简单实用的方法。涂料沉积严重、有结块、凝聚、霉变，其质量就很难保证。含固量主要是指成膜物质的含量，反应型涂料与乳液型（或溶剂型）涂料的含固量差别很大（30％～50％之间），同面积相等的情况下，涂膜厚度就有较大差别。

（3）建筑涂料是否与基层品质适应。

新材料的广泛应用和推广，使建筑涂料涂饰的基层出现许多不同的材质，不同的材质有不同的表面张力、不同的致密性、不同的含水率、不同的平整度，这就对建筑涂料的品质提出了不同的要求，见表1-1，表1-2。

表 1-1 各种材质的特点

材　质	特　点
水泥混凝土	碱性大，干燥慢，表面平整度差，且容易有空鼓、麻面
水泥砂浆	干燥快，碱性较混凝土大
石棉水泥板	表面粉尘多，吸水性极大，表面强度低
石棉板	表面粉尘多，强度高，吸水性低
石膏板	表面强度差，含水率低，吸收性一般
钢材	受温差影响胀缩大，易锈蚀
三合板	含水率变化较大，易泛色
塑料	表面有增塑剂迁移

表 1-2　　　　　　　　　　　　涂料性能与适应基层

涂料品种	成膜物质	状态	涂膜性能					适应基层			
			耐水性	耐碱性	耐酸性	耐油性	耐候性	水泥	木材	钢材	铝材
醇酸树脂漆	醇酸树脂	溶剂型	○	×	△	○	○		√	√	√
酚醛树脂漆	酚醛树脂	溶剂型	☆	△	△	○	◁		√	√	
硝基漆	醇酸树脂硝化棉	溶剂型	○	×	◁	☆	○		√	√	√
醋酸乙烯涂料	聚醋酸乙烯乳液(白胶)	水乳型	◁	○	△	◁		√	√		
丙烯酸树脂涂料	丙烯酸树脂	溶剂型	☆	☆	○	○	☆	√		√	√
水性丙烯酸涂料	丙烯酸乳液	水乳型	○	○				√	√		
水性有光丙烯酸涂料	丙烯酸乳液	水乳型	○	○				√	√		
环氧树脂涂料	环氧树脂	双组分	☆	☆	☆	☆	◁	√		√	√
聚氨酯涂料	聚氨酯	双组分	☆	☆	☆	☆	◁	√	√	√	√
聚氨酯丙烯酸涂料	聚氨酯丙烯酸树脂	双组分	☆	☆	☆	☆	◁	√	√	√	√
聚酯涂料	不饱和聚酯	双组分	☆	☆	☆	☆	◁	√	√	√	√
有机硅丙烯酸涂料	硅橡胶丙烯酸树脂	双组分	☆	☆	☆	☆	☆	√	√	√	√
含氟涂料	含氟树脂	双组分	☆	☆	☆	☆	☆	√	√	√	√
无机涂料	硅酸盐	溶液型	☆	☆	×	☆	○	√			

注：☆优，○良，◁一般，△差，×劣，√适用，√耐配用底涂。

5.油漆工程常用辅助材料

(1)腻子。

腻子是用来将物面上的洞眼、裂缝、砂眼、木纹鬃眼以及其他缺陷填实补平，使物面平整。腻子一般由体质颜料与胶粘剂、着色颜料、水或溶剂、催干剂等组成。常用的体质颜料有大白粉、石膏、滑石粉、香晶石粉等。胶粘剂一般有血料、熟桐油、清漆、合成树脂溶液、乳液、鸡脚菜及水等。腻子应根据基层、底漆、面漆的性质选用，最好是配套使用。

(2)填充料(体质颜料)。

熟石膏粉加水后成石膏浆,具有可塑性,并迅速硬化。石膏浆硬化后,膨胀量约为1%。用它调成的腻子,韧性好,批刮方便,干燥快,容易打磨。

滑石粉是由滑石和透闪石矿和混合物精研加工成的白色粉状材料。它在腻子中能起抗拉和防沉淀的作用,同时还能增强腻子的弹性、抗裂性及和易性。

碳酸钙俗称大白粉、老粉、白垩土。它是由滑石、矾石或青石等精研加工成的白色粉末状材料。它在腻子中主要起填充扩大腻子体积的作用,并能增强腻子的硬度。

(3)溶剂。

溶剂主要是用于稀释胶粘材料,腻子使用的溶剂主要有松香水、松节油、200号溶剂汽油、煤油、香蕉水、酒精和二甲苯等。

(4)颜料。

颜料在腻子中起着色作用,其用量在腻子的组成中只占很少一部分。

(5)水。

水可以提高腻子的和易性和可塑性,便于批刮,并有助于石膏的膨胀。调配腻子应用洁净的水,pH值为7。

(6)着色材料。

①染料。

主要用来改变木材的天然颜色,在保持木材自然纹理的基础上使其呈现鲜艳透明的光泽,提高涂饰面的质量。染料是一种有机化合物,染料色素能渗入到物体内部使物体表面的颜色鲜艳而透明,并有一定的坚牢度。

②填孔料。

填孔料有水老粉和油老粉,是由体质颜料、着色颜料、水或油等调配而成。水性填孔料和油性填孔料的组成、配比和特性见表 1-3。

表 1-3　　　　　　填孔料的组成、配比和特性

种类	材料组成及配比(重量比)		特点
水性填孔料	大白粉	65%～72%	调配简单、施工方便、干燥快、着色均匀、价格便宜
	水	28%～35%	易使木纹膨胀、易收缩、开裂、附着力差、木纹不明显
	颜料	适量	
油性填孔料	大白粉	60%	木纹不会膨胀、收缩开裂少、干后坚固、着色效果好、透明、附着力好、吸收上层涂料少
	清油	10%	
	松香水	20%	
	煤油	10%	干燥慢、价格高、操作不如水粉方便
	颜料	适量	

(7)胶料。

胶料主要用于水浆涂料或调配腻子用,有时也作封闭涂层用,常用的胶粘材料有血料、熟桐油(光油)、清油、清漆、合成树脂溶液、纤维素、菜胶、108 胶和水等。它与填充颜料拌在一起,在腻子中起到重要的粘结作用,使腻子与物体表面结成牢固的腻子层。常用的胶料有以下几种。

①血料。

常用的血料为熟猪血,将生猪血加块石灰经调制后便成熟猪血。生猪血用于传统油漆打底,熟猪血用于调配腻子或打底。血料是一种传统的胶料剂,由于猪血难以贮存,如今在一般装饰工程上,已被 108 胶或其他化学胶取代。

②熟桐油。

熟桐油又称光油,具有光泽亮、干燥快、耐磨性好等特点。

③白孔胶。

白孔胶又叫聚醋酸乙烯乳液,粘结强度好,无毒、无臭、无腐

蚀性,使用方便,价格便宜。它是当前做水泥地面涂层和粘贴塑料面板用量最多的一种胶粘剂。

④皮胶和滑胶。

皮胶和滑胶多用于木材粘接及墙面粉浆料的胶粘剂。

⑤108胶。

108胶为聚乙烯醇醛胶粘剂进行氨基化改性后制成的无毒、无味、不燃的水溶性胶,有良好的粘结性,可用水稀释剂。它可作玻璃纤维墙布、塑料墙纸的裱糊胶。与水泥、砂配成聚合砂浆,有一定的防水性和良好的耐久性及粘结性,可调配彩色弹涂色浆的粘结材料。

⑥其他合成胶。

其他合成胶主要有尿醛树脂、酚醛树脂、三聚氰胺—甲醛树脂、环氧—聚酰胺树脂和酚醛—乙烯树脂等。

(8)研磨材料。

按其用途可分打磨材料、抛光材料和脱漆剂。

①打磨材料。

国内常用的木砂纸和砂布,其代号是根据磨料的粒径来划分的,代号越大,磨料越粗。而水砂纸则相反,代号越大,磨粒越细。

②抛光剂。

抛光剂是提高漆面光滑、光亮、平整、耐久和美观的重要辅助材料。常用的抛光剂一般是砂蜡和上光蜡。砂蜡一般用于硝基漆、过氯乙烯漆、虫胶漆表面的抛光;光蜡不含磨料,不能将漆膜磨平,主要用于涂层表面的上光。

③脱漆剂。

金属物件、家具器具、建筑物等更新或翻修时,需要将旧漆膜彻底清除,才能重新涂刷漆膜。

工厂生产的脱漆剂有 T—1 脱漆剂、T—2 脱漆剂、T—3 脱漆剂。

自行配制的脱漆剂有以下几种：

a. 用老粉 5 份、氢氧化钠（烧碱）1 份、水 6 份制成糊状，即可涂刷于旧木器表面。

b. 用纯碱与水溶解后加入生石灰配成火碱水，其浓度以能使漆膜发软起皱为准。

c. 氢氧化钠 16 份溶解于 30 份水中，再加入 18 份生石灰粉末，充分搅拌后加入 10 份机油，再加入 22 份碳酸钙即成脱漆剂。

6. 特种涂料

在建筑物的一些特殊部位，还需采用一些有特殊功能（如防腐、防霉、防水、防火、绝缘等）的涂料，这些涂料称为特种涂料。

（1）防火涂料。

现代建筑中的钢结构、木结构、吊顶、隔墙和许多装饰材料、电缆等是消防的重点对象，为提高其耐火能力，需要用防火涂料对其进行处理。

常用的防火涂料有：膨胀型丙烯酸防火乳胶漆、ST_1—A 型钢结构防火涂料、酚醛防火漆、过氯乙烯防火漆、无机防火漆等。

（2）防水涂料。

在厨房、浴室、盥洗室、厕所等经常与水接触的场所，通过使用防水涂料，形成一层连续的涂层，弥补被施涂的物体表面存在的裂纹、孔洞、不密实等缺陷，从而改善防水性能。

常见的防水涂料有：乳液型防水涂料、溶剂型防水涂料、反应型防水涂料。

（3）防腐涂料。

建筑物处在酸、碱、盐及各种溶剂等化学介质中及大自然的风、露、雨、雪的物理、化学作用下,会产生腐蚀。因此,防腐涂料应具有对腐蚀介质不发生化学反应,有较好的抗渗性或耐候性,与基层有较好的粘结力,有的还需一定的装饰性能。

常用的防腐涂料有:沥青漆、环氧树脂漆、过氯乙烯漆、甲酸酯漆、醋酸乙烯氯乙烯漆、苯乙烯焦油涂料、耐氨涂料、聚氨基沥青涂料、氯化聚氯乙烯涂料及我国的特产——大漆等。

(4)防霉涂料。

防霉涂料适用于经常处在潮湿环境的建筑物表面,如地下室、糖果厂、罐头食品厂、酒厂及易霉变的墙面、顶棚、地面的涂饰。

常用的防霉涂料有:丙烯酸乳液外用防霉涂料、亚麻子油型外用防霉涂料、醇酸外用防霉涂料、聚醋酸乙烯防霉涂料、氯—偏共聚乳液防霉涂料等。

7. 油漆涂料的贮存与保管

(1)清油、清漆、厚漆、调和漆、沥青漆、磁漆等常用的油漆应储存于干燥、阴凉、通风的库房内,库房温度一般以 5℃～23℃为宜,在库房内严禁调配油漆和吸烟。

(2)乳胶漆、无机装饰涂料(JH80—1 和 JH180—2)的保管贮存同上述常用油漆,但在密封和防冻方面应特别注意。

(3)各种稀释剂、脱漆剂、环氧固化剂、硝基类漆、过氯乙烯漆、乙烯防腐漆等属一级易燃物品,必须特别注意防火、防爆。要存放在经当地公安机关审核同意的指定地点,不得任意存放。

(4)各类建筑油漆涂料应分别堆放,定期检查包装容器封口是否严密,发现锈蚀、破、渗、漏之处,应及时补救或更换包装。

(5)大部分油漆为挥发性易燃品,日久易变质,应按产品出厂日期的先后领发使用。

(6)装卸时,应轻取轻放,不得摩擦、碰撞或工地翻滚。

四、油漆、涂料的调配

配色是一项比较复杂而细致的工作,需要了解各种颜色的性能。配色可利用光电机来测出样色板的颜色成分,并计算出各种颜色的比例,再进行配色。但有许多涂料要根据工程要求,凭实际经验进行自行调制。调配颜色的原则和方法如下。

1. 调配涂料颜色原则

(1)颜料与调制涂料相配套的原则。

在涂刷材料配制色彩的过程中,所使用的颜料与配制的涂料性质必须相同,不起化学反应,才能保证色彩配制涂料的相容性、成色的稳定性和涂料的质量,否则,就配制不出符合要求的涂料。如:油基颜料适用于配制油性的涂料而不适用调制硝基涂料。

(2)选用颜料的颜色组合正确、简练的原则。

①对所需涂料颜色必须正确地分析,确认标准色板的色素构成,并且正确分析其主色、次色、辅色等。

②选用的颜料品种简练。能用原色配成的不用间色,能用间色配成的不用复色,切忌撮药式的配色。

(3)涂料配色先主色、后副色、再次色,依序渐进、由浅入深的原则。

①调配某一色彩涂料的各种颜料的用量,先可做少量的试配,认真记录所配原涂料与加入各种颜料的比例。

②所需的各色素最好进行等量的稀释,以便在调配过程中能充分地溶合。

③要正确地判断所调制的涂料与样板色的成色差。一般来说,油色宜浅一成,水色宜深三成左右。

④单个工程所需的涂料最好按其用量一次配成，以免多次调配造成色差。

2. 调配涂料颜色方法

（1）调配方法。

①调配各色涂料颜色是按照涂料样板颜色来进行的。首先配小样，初步确定几种颜色参加配色，然后将这几种颜色分装在容器中，先称其质量，然后进行调配。调配完成后再称一次，两次称量之差即可求出参加各种颜色的用量及比例。这样，可作为配大样的依据。

②在配色过程中，以用量大、着色力小的颜色为主（称主色），再以着色力较强的颜色为副（次色），慢慢地间断地加入，并不断搅拌，随时观察颜色的变化。在试样时待所配涂料干燥后与样板色相比，观察其色差，以便及时调整。

③调配时不要急于求成，尤其是加入着色力强的颜色时切忌过量，否则，配出的颜色就不符合要求而造成浪费。

④由于颜色常有不同的色头，如要配正绿时，一般采用绿头的、黄头的蓝；配紫红色时，应采用带红头的蓝与带蓝头的、红头的黄。

⑤在调色时还应注意加入辅助材料对颜色的影响。

（2）涂料稠度的调配。

因贮藏或气候原因，造成涂料稠度过大，应在涂料中掺入适量的稀释剂，使其稠度降至符合施工要求。稀释剂的分量不宜超过涂料重量的 20%，超过就会降低涂膜性能。稀释剂必须与涂料配套使用，不能滥用以免造成质量事故。如虫胶漆须用乙醇，而硝基漆则要用香蕉水。

3. 常用涂料颜色调配

（1）色浆颜料用量配合比例，见表 1-4。

表 1-4　　　　　　　色浆颜料用量配合比(供参考)

序号	颜色名称	颜料名称	配合比(占白色原料%)	序号	颜色名称	颜料名称	配合比(占白色原料%)
1	米黄色	朱红 土黄	0.3~0.9 3~6	4	浅蓝灰色	普蓝 墨汁	8~12 少许
2	草绿色	砂绿 土黄	5~8 12~15	5	浅藕荷色	朱红 群青	4 2
3	蛋青色	砂绿 土黄 群青	8 5~7 0.5~1				

(2)常用涂料颜色的调配比例,见表 1-5。

表 1-5　　　　　　　常用涂料颜色配合比

需调配的颜色名称	配合比(%)		
	主色	副色	次色
粉红色	白色 95	红色 5	—
赭黄色	中黄 60	铁红 40	—
棕色	铁红 50	中黄 25、紫红 12.5	黑色 12.5
咖啡色	铁红 74	铁黄 20	黑色 6
奶油色	白色 95	黄色 5	—
苹果绿色	白色 94.6	绿色 3.6	黄色 1.8
天蓝色	白色 91	蓝色 9	—
浅天蓝色	白色 95	蓝色 5	—
深蓝色	蓝色 35	白色 13	黑色 2
墨绿色	黄色 37	黑色 37、绿色 26	—
草绿色	黄色 65	中黄 20	蓝色 15
湖绿色	白色 75	蓝色 10、柠檬黄 10	中黄 15
淡黄色	白色 60	黄色 40	—
橘黄色	黄色 92	红色 7.5	淡蓝 0.5
紫红色	红色 95	蓝色 5	—
肉色	白色 80	橘黄 17	中蓝 3
银灰色	白色 92.5	黑色 5.5	淡蓝 2
白色	白色 99.5		群青 0.5
象牙色	白色 99.5		淡黄 0.5

4. 常用腻子调配

(1)材料选用。

①填料能使腻子具有稠度和填平性。一般化学性稳定的粉质材料都可选用为填料,如大白粉、滑石粉、石膏粉等。

②固结料是能把粉质材料结合在一起,并能干燥固结成有一定硬度的材料,如蛋清、动植物胶、油漆或油基涂料。

③凡能增加腻子附着力和韧性的材料,都可作黏结料,如桐油(光油)、油漆、干性油等。

调配腻子所选用的各类材料,各具特性,调配的关键是要使它们相容。如油与水混合,要处理好,否则就会产生起孔、起泡、难刮、难磨等缺陷。

(2)调配方法。

调配腻子时,要注意体积比。为利于打磨,一般要先用水浸透填料,减少填料的吸油量。配石膏腻子时,宜油、水交替加入,否则干后不易打磨。调配好的腻子要保管好,避免干结。

常用腻子的调配、性能及用途见表1-6。

表 1-6　　　　　　　　常用腻子的调配、性能及用途

腻子种类	配比(体积比)及调制	性能及用途
石膏腻子	石膏粉∶熟桐油∶松香水∶水 =10∶7∶1∶6 先把熟桐油与松香水进行充分搅拌,加入石膏粉,并加水调和	质地坚韧,嵌批方便,易于打磨;适用于室内抹灰面、木门窗、木家具、钢门窗等
胶油腻子	石膏粉∶老粉∶熟桐油∶纤维胶=0.4∶10∶1∶8	润滑性好,干燥后质地坚韧牢固,与抹灰面附着力好,易于打磨;适用于抹灰面上的水性和溶剂型涂料的涂层
水粉腻子	老粉∶水∶颜料=1∶1∶适量	着色均匀,干燥快,操作简单;适用于木材面刷清漆

续表

腻子种类	配比(体积比)及调制	性能及用途
油粉腻子	老粉:熟桐油:松香水(或油漆):颜料=14.2:1:4.8:适量	质地牢,能显露木材纹理,干燥慢,木材面的鬃眼需填孔着色
虫胶腻子	稀虫胶液:老粉:颜料=1:2:适量(根据木材颜色配定)	干燥快,质地坚硬,附着力好,易于着色;适用于木器油漆
内墙涂料腻子	石膏粉:滑石粉:内墙涂料=2:2:10(体积比)	干燥快,易打磨;适用于内墙涂料面层

5. 大白浆、石灰浆、虫胶漆的调配

(1)大白浆调配。

调配大白浆的胶粘剂一般采用聚醋酸乙烯乳液、羧甲基纤维素胶。

大白浆调配的重量配合比为:大白粉:聚醋酸乙烯乳液:纤维素胶:水=100:8:35:140。其中,纤维素胶需先进行配制,它的配制重量比约为:羟甲基纤维素:聚乙烯醇缩甲醛:水=1:5:(10~15)。根据以上配比配制的大白浆质量较好。

调配时,先将大白粉加水拌成糊状,再加入纤维素胶,边加入边搅拌。经充分拌和,成为较稠的糊状,再加入聚醋酸乙烯乳液。搅拌后用80目铜丝箩过滤即成。如需加色,可事先将颜料用水浸泡,在过滤前加入大白浆内。选用的颜料必须要有良好的耐碱性,如氧化铁黄、氧化铁红等。如耐碱性较差,容易产生咬色、变色。当有色大白浆出现颜色不匀和胶花时,可加入少量的六偏磷酸钠分散剂搅拌均匀。

(2)石灰浆调配。

调配时,先将70%的清水放入容器中,再将生石灰块放入,

使其在水中消解。其重量配合比为:生石灰块∶水=1∶6,待24h生石灰块经充分吸水后才能搅拌,为了涂刷均匀,防止刷花,可往浆内加入微量墨汁;为了提高其黏度,可加5%的108胶或约2%的聚醋酸乙烯乳液;在较潮湿的环境条件下,可在生石灰块消解时加入2%的熟桐油。如抹灰面太干燥,刷后附着力差,或冬天低温刷后易结冰,可在浆内加入0.3%~0.5%的食盐(按石灰浆重量)。如需加色则与有色大白浆的配制方法相同。

为了便于过滤,在配制石灰浆时,可多加些水,使石灰浆沉淀,使用时倒去上面部分清水,如太稠,还可加入适量的水稀释搅匀。

(3)虫胶漆调配。

虫胶漆是用虫胶片加酒精调配而成的。

一般虫胶漆的重量配合比为:虫胶片∶酒精=1∶4,也可根据施工工艺的不同确定需要的配合比为:虫胶片∶酒精=1∶(3~10)。用于揩涂的可配成:虫胶片∶酒精=1∶5;用于理平见光的可配成:虫胶片∶酒精=1∶(7~8);当气温高、干燥时,酒精应适当多加些;当气温低、湿度大时,酒精应少加些,否则,涂层会出现返白。

调配时,先将酒精放入容器(不能用金属容器,一般用陶瓷、塑料等器具),再将虫胶片按比例倒入酒精内,过24h溶化后即成虫胶漆,也称虫胶清漆。

为保证质量,虫胶漆必须随配随用。

6. 着色剂的调配

在清水活与半清水活的施工中,用于木材面上染色剂的调配主要是水色、酒色和油色的调配。

（1）水色调配。

刷涂水色的目的是为了改变木材面的颜色，使之符合色泽均匀和美观的要求。因调配用的颜料或染料用水调制，故称水色。它常用于木材面清水活与半清水活，施涂时作为木材面底层染色剂。水色的调配因其用料的不同有两种方法：

①一种是以氧化铁颜料（氧化铁黄、氧化铁红等）作原料，将颜料用开水泡开，使之全部溶解，然后加入适量的墨汁，搅拌成所需要的颜色，再加入皮胶水或血料水，经过滤即可使用。配合比大致是：水 60%～70%、皮胶水 10%～20%、氧化铁颜料10%～20%。由于氧化铁颜料施涂后物面上会留有粉层，加入皮胶水、血料水的目的是为了增加附着力。

此种水色颜料易沉淀，所以在使用时应经常搅拌，才能使涂色一致。

②另一种是以染料作原料，染料能全部溶解于水，水温越高，越能溶解，所以要用开水浸泡后再在炉子上炖一下。一般使用的是酸性染料和碱性染料，如黄纳粉、酸性橙等，有时为了调整颜色，还可加少许墨汁。水色配合比见表1-7。

表 1-7　　　　　　　　　　调配水色的配合比（供参考）

质量配合比（%）\原料	柚木色	深柚木色	栗壳色	深红木色	古铜色
黄纳粉	4	3	13	—	5
黑纳粉	—	—	—	15	—
墨汁	2	5	24	18	15
开水	94	92	63	67	80

水色的特点是：容易调配，使用方便，干燥迅速，色泽艳丽，透明度高。但在配制中应避免酸、碱两种性质的颜料同时使用，以防颜料产生中和反应，降低颜色的稳定性。

（2）酒色调配。

酒色同水色一样，是在木材面清色透明活施涂时用于涂层的一种自行调配的着色剂。其作用介于铅油和清油之间，既可显露木纹，又可对涂层起着色作用，使木材面的色泽一致。调配时将碱性颜料或醇溶性染料溶解于酒精中，加入适量的虫胶清漆充分搅拌均匀，称为酒色。

施涂酒色需要有较熟练的技术。首先要根据涂层色泽与样板的差距，调配酒色的色调，最好调配得淡一些，免得一旦施涂深了，不便再整修。酒色的特点是酒精挥发快，酒色涂层因此干燥快。这样可缩短工期，提高工效。因施涂酒色干燥快，技能要求也较高，施涂酒色还能起封闭作用，目前在木器家具施涂硝基清漆时普遍应用酒色。

酒色的配合比要按照样板的色泽灵活掌握。虫胶酒色的配合比例一般为碱性颜料或醇溶性染料浸于虫胶：酒精＝（0.1～0.2）：1 的溶液中，使其充分溶解拌匀即可。

（3）油色调配。

油色（俗称发色油）是介于铅油与清漆之间的一种自行调配的着色涂料，施涂于木材表面后，既能显露木纹又能使木材底色一致。

油色所选用的颜料一般是氧化铁系列的，耐晒性好，不易退色。油类一般常采用铅油或熟桐油，其参考配合比为：铅油：熟桐油：松香水：清油：催干剂＝7：1.1：8：1：0.6（质量比）。

油色的调配方法与铅油大致相同，但要细致。将全部用量的清油加 2/3 用量的松香水，调成混合稀释料，再根据颜色组合的主次，将主色铅油称量好，倒入少量稀释料充分拌和均匀，然后再加副色、次色铅油依次逐渐加到主色铅油中调拌均匀，直到配成要求的颜色，然后再把全部混合稀释料加入，搅拌后再将熟桐油、催干剂分别加入并搅拌均匀,用 100 目铜丝箩过滤,除去杂质,最后将剩下的松香水全部掺入铅油内,充分搅拌均匀,即为油色。

油色一般用于中高档木家具,其色泽不及水色鲜明艳丽,且干燥缓慢,但在施工上比水色容易操作,因而适用于木制品件的大面积施工。油色使用的大多是氧化颜料,易沉淀,所以在施涂过程中要经常搅拌,才能使施涂的颜色均匀一致。

五、油漆工常用工具、机具

油漆施工通常以手工作业为主,不仅要求工人有熟练的技术,还需采用得心应手的工具。油漆工必须掌握选择、使用工具的方法,必要时还要自制一些工具。油漆工具种类极多,大致可分为除锈工具、做腻子工具、涂刷工具、喷涂工具和美工油漆工具等。

1. 手工工具

(1)涂刷工具。

它是使涂料在物面上形成薄而均匀涂层的工具,常用的有排笔、油刷、漆刷、棕刷、底纹笔等。

①排笔。

排笔是手工涂刷的工具,用羊毛和细竹管制成。每排可有 4 管至 20 管多种。4 管、8 管的主要用于刷漆片。8 管以上的用于墙面的油漆及刷浆较多。排笔的刷毛较毛刷的鬃毛柔软,适于涂刷黏度较低的涂料。

a.排笔选择以长短适度,弹性好,不脱毛,有笔锋的为好。涂刷过的排笔,必须用水或溶剂彻底洗净,将笔毛捋直保管,以保持羊毛的弹性。

b. 使用排笔涂刷时,用手拿住排笔的右角,一面用大拇指压住排笔,另一面用四指握成拳头形状,见图1-2。用排笔从容器内蘸涂料时,大拇指要略松开一些,笔毛向下,见图1-3。

图1-2　刷浆时拿法

图1-3　蘸浆时拿法

②油刷。

油刷是用猪鬃、铁皮制成的木柄毛刷,是手工涂刷的主要工具。油刷刷毛的弹性与强度比排笔大,故用于涂刷黏度较大的涂料,如酚醛漆、醇酸漆、酯胶漆、清油、调和漆、厚漆等油性清漆和色漆。各种形状的毛刷,见图1-4。毛刷的选用按使用的涂料来决定。使用后的处理,见图1-5。油刷的拿法,见图1-6。

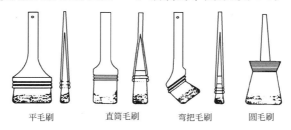

平毛刷　　　直筒毛刷　　　弯把毛刷　　　圆毛刷

图1-4　毛刷的形状

(2)嵌批工具。

正确选用嵌批工具对腻子涂层的平整度和提高劳动效率有着密切的关系。嵌批工具的种类很多,常用的有铲刀(图1-7)、牛角翘(图1-8)、钢皮批板(图1-9)、橡皮批板(图1-9)、脚刀(图1-10)。托板用于盛托各种腻子,可在托板上面调制、混合腻子,多用木材制成,亦有用金属、塑料或玻璃制成(图 1-11)等。

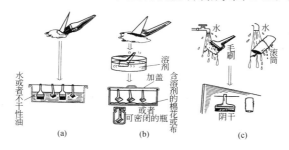

图 1-5　毛刷使用后的处理方法
(a)刷油性类涂料毛刷的处理;(b)刷硝基纤维涂料和紫虫胶
调墨漆(清漆)毛刷的处理;(c)刷合成树脂乳剂涂料毛刷的处理

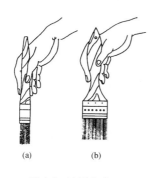

图 1-6　油刷拿法
(a)侧面刷油;(b)大面刷油

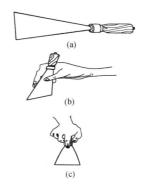

图 1-7　铲刀及其拿法
(a)铲刀;(b)清理木材面时的拿法;
(c)调配腻子时的拿法

(3)滚涂工具。

辊具分为一般滚涂工艺用辊具(图 1-12)和艺术滚涂工艺用辊具(图 1-13)及毛辊配套的辅助工具——涂料底盘和辊网,见图 1-14。

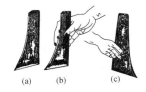

图 1-8　牛角翘及其拿法

(a)牛角翘；(b)嵌腻子时拿法；

(c)批刮腻子时拿法

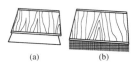

图 1-9　钢皮批板与橡皮批板

(a)钢皮批板；(b)橡皮批板

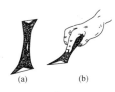

图 1-10　脚刀及其握法

(a)脚刀；(b)脚刀握法

把手

把手在下面

图 1-11　托板

图 1-12　一般滚涂工艺用辊具

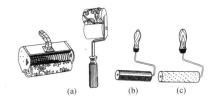

(a)　　　　(b)　　　(c)

图 1-13　艺术滚涂工艺用辊具

(a)橡胶滚花辊具；(b)硬橡皮辊具；

(c)泡沫塑料辊具

底盘　　　　辊网

图 1-14　涂料底盘和辊网

（4）手工除锈工具。

手工除锈是一种最简单的除锈方法，也是建筑工程中金属结构及其他钢铁构件常用的除锈方法之一。目前常用的手工除锈工具有铲刀、弯头刮刀、钢丝刷、锉刀、砂轮、尖头榔头等，见图1-15。

图 1-15　手工除锈工具

(a)钢丝刷；(b)弯头刮刀；(c)铲刀；(d)锉刀

手工除锈劳动强度大，工效低，铁锈皮屑飞溅有碍操作者的健康，而且除锈的效果不理想，常用于对清理要求不高的一些金属面层的除锈。

2. 常用施工机具

涂料施工常用的机械、机具有喷涂机械、除锈机械、手提式电动搅拌机、磨砂皮机和弹涂机等。

（1）除锈机械。

常用的除锈机具有手提式角向磨光机、电动刷、风动刷、烤铲枪、喷射设备等，同手工机具相比除锈质量好，工效高。

手提式角向磨光机，见图1-16：它是通过电动机带动前面的砂轮高速转动摩擦金属表面来达到除锈目的，也可将砂轮换刷盘，同样能达到除锈目的。

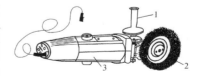

图 1-16　手提式角向磨光机

1—手柄；2—刷盘；3—磨光机主体部分

电动刷的动力是电动机，风动刷的动力是压缩空气机。它们的构造原理是将钢丝刷盘用金属夹紧固在电动机或风动机的轴上,通过机械转动带动钢丝刷盘的转动以摩擦金属面,从而达到除锈目的。

烤铲枪:它是风动除锈机具,由往复锤体和手柄组成。利用压缩空气使锤体上下不断地运动,敲击物体来达到除锈的目的,见图1-17。

(2)手提式搅拌机。

用电钻改装的一种简单的电动搅拌机具,见图1-18。电动机启动后,带动轴上的叶片转动,容器内的涂料受叶片转动形成漩涡,使涂料上下翻滚搅拌均匀。

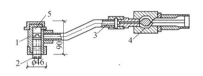

图1-17　烤铲枪

1—套筒;2—敲铲头;3—手柄;

4—开关;5—气罐

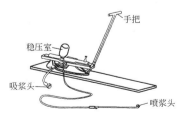

图1-18　手提式搅拌机

(3)喷涂机械。

①喷浆机常用于建筑工程的内外墙、顶棚的喷涂装饰施工。喷浆机常用于喷石灰浆、大白浆的施涂,分手推式喷浆机和电动喷浆机两种。手推式喷浆机,见图1-19;电动喷浆机,见图1-20。

②斗式喷枪适用于喷涂着色砂(彩砂)涂料、黏稠状厚涂料和胶类涂料。斗式喷枪由料斗、调

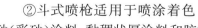

图1-19　手推式喷浆机

图 1-20　电动喷浆机

1—电动机;2—活塞泵;3—稳压室;4—喷浆头;

5—手把;6—吸浆管;7—贮浆桶;8—轮子

气阀、涂料喷嘴座、喷料嘴、定位螺母等组成。

作业时,先将涂料装入喷枪料斗,涂料进入涂料喷嘴座与压缩空气混合,经过喷料嘴成均匀雾状喷出,常用的有手提斗式喷枪和手提斗式双色喷枪等。

手提斗式喷枪结构简单,使用方便,适用于喷涂乙—丙彩砂涂料、苯—丙彩砂涂料、砂胶外墙涂料和复合涂料等。其结构,见图 1-21。

图 1-21　手提斗式喷枪

1—手柄;2—喷枪装料斗;3—喷料嘴

手提斗式喷枪使用时要配备 0.6m³ 的空气压缩机一台,用软管与它接通,待达到设定的气压时,打开气阀就可以进行喷涂作业。

手提式喷枪在当天喷涂结束后,要清洗干净,必须用溶剂将喷道内残余的涂料喷出洗净,否则,会产生堵塞。

手提斗式双色喷枪是由两个料斗喷枪组合成一体的喷枪。

③喷漆枪有吸出式喷枪、对嘴式喷枪、流出式喷枪、压力供漆喷枪及高压无气喷枪,喷枪形式见图1-22。

图 1-22 喷枪形式

(a)吸出式;(b)对嘴;(c)流出式

④高压无气喷涂机,见图1-23。

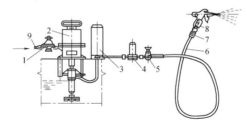

图 1-23 高压无气喷涂机

1—调压阀;2—高压泵;3—蓄压器;4—过滤器;5—截止阀门;

6—高压胶管;7—旋转接头;8—喷枪;9—压缩空气入口

⑤彩弹机。彩弹机是施涂专用机具,能将多种色彩弹射到基面上,形成直径1~2mm的图点或自然流畅的线条,适用于高、中级装饰工程,其组成结构,见图1-24。

⑥油漆桶及滤网。刷涂油漆时,调配、过滤、刷涂、稀释都需

要油漆桶,见图 1-25,油漆过滤网,见图 1-26。

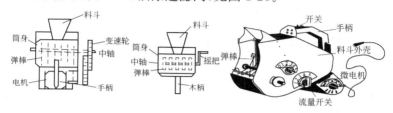

图 1-24 彩弹机结构

图 1-25 油漆桶
1—倒油漆口;2—外圈盖

图 1-26 油漆过滤网

⑦擦涂工具。它包括以手工操作完成涂漆、上色、擦光的工具。常用的工具有纱包、软细布、头发、刨花、磨料等。

⑧其他工具。划线刷、画笔、漆刷、钢丝刷和木提桶、钢皮、直尺、油勺、漏斗、线袋、线坠、刻刀、卷尺、划线笔等。

第2部分　油漆工岗位操作技能

一、基层处理

涂料工程能否符合质量要求,除和涂料本身的质量有关外,施工质量是关键。在施工中,基层表面处理的质量,将直接影响涂膜的附着力、使用寿命和装饰效果。

基层处理是指在嵌批腻子和刷底油前,对物面自身质量疵病和外因造成的质量缺陷以及污染,采用各种方法进行消除、修补的过程。它是装饰施工中的一个重要环节。

根据建筑装饰要求需要进行处理的基层大致有木材面、抹灰面、金属面、旧涂膜、其他物面。

🕦 1.基层性能特征及处理方法

(1)常见基层性能特征。

基层与涂料是皮与毛的关系。基层品质首先要有良好的附着力和很好相容性;其次,各类基层都要达到"坚实、平整、清洁、干燥"这八个字的要求。因此,在施涂之前,要对基层进行加工处理,消除影响施涂质量的缺陷,这是在涂饰施工中非常重要的工序。

在对基层处理前,为了熟悉掌握处理方法,了解常见基层的性能特征是很有必要的。常见基层性能特征,见表 2-1。

表 2-1   常见基层性能特征

基层种类	有孔	无孔	易吸收	能吸收	难吸收	化学活动性	可侵蚀	表面特征
木板和胶合板	△		△			△		吸水、吸潮、稳定性差
水泥面	△			△		△		粗、吸水率大、碱性
混凝土	△			△		△		粗、吸水率大、碱性
石膏灰面	△			△		△		吸水率大、裂缝少、泛碱
石灰面	△			△		△		吸水率大
黑色金属		△			△		△	光滑、易锈蚀
有色金属		△			△		△	光滑
塑料		△			△			表面增塑剂迁移,硬度低,色调单一
泡沫聚苯乙烯板	△				△			吸潮

（2）基层处理的主要方法。

基层处理的主要目的是为了提高涂层的附着力、装饰效果和延长使用寿命。

基层处理主要采取物理和化学的方法。

①用手工工具清除基层表面比较容易清除的杂物、灰尘、锈蚀、旧涂膜等。

②用动力设备或化学方法清除基层上不易清除的油脂、酸碱物等。

③用喷砂、化学侵蚀的方法对基层进行加工处理,使其表面粗糙,以提高涂膜的附着力。

④当基层的颜色或性能与涂料不相容时,用化学等方法改

变其颜色和性能,达到相容。

2. 木质面基层处理

木材是一种天然材料,经加工后的木制品件,其表面往往存在纹理色泽不一、节疤、含松脂等缺陷。为了使木装饰做得色泽均匀,涂膜光亮,美观大方,除要求施涂技术熟练外,在施涂前,做好木制品件的基层表面处理(特别是施涂浅色和本色涂料的木材基层处理)是关键。

(1)清理。

木制品在机械加工和现场施工过程中,表面难免留下各种污迹。如墨线、笔线、胶水迹、油迹、水泥砂浆和石灰砂浆等。所以在涂饰前一定要将这些污迹清理干净。

白胶、黑迹、铅笔线一般采用小刀或玻璃细心铲刮后再磨光。砂浆灰采用铲刀刮除,再用砂纸打磨,除去痕迹。油迹一般采用香蕉水、松香水抹除。水罗松污迹要用虫胶清漆封闭,不然会出现咬色的现象。

(2)打磨。

木家具和建筑木装饰完工后,除采用上述的各种处理方法和手段弥补其表面缺陷外,还必须进行一道全面的打磨工序。

打磨是木装饰的头道工序。打磨是否平整光滑,直接关系到后面施工工序能否顺利进行。打磨在木装饰涂饰过程中有极其重要的作用,在打磨前必须了解木装饰的材质是硬木还是软木,用何品种的涂料,是清色还是混色。硬木要求顺木纹方向来回打磨,不得横向打磨。需将木毛等磨去,达到光滑平整、木纹纹理清晰,同时轻轻将楞角磨倒,不能将线脚花饰磨伤或变形。

(3)漂白。

对于浅色、本色的中、高级清漆装饰,应采用漂白的方法将木材的色斑和不均匀的色素消除。漂白处理一般是在局部色泽深的木材表面上进行，也可在制品整个表面进行。

①一般漂白。

过氧化氢（俗称双氧水），是应用较广、效果较好的一种漂白剂，其浓度为 15%～30%。漂白时用油漆刷将漂白剂涂于要褪色的木材面即可脱色。为了加速木材中的色素分解，可在过氧化氢溶液中掺入适量氨水，浓度为 25%，其掺量为过氧化氢溶液的 5%～10%，但氨水不宜掺量过多，过多会使木材色泽变黄，用这种方法处理的木材表面经过 2～3d 就会显得白净，而且无需将漂白剂洗掉。

②草酸法漂白。

使用草酸漂白，要预先配好以下三种溶液（重量配合比）：

a.结晶草酸：水＝7：100。

b.结晶硫代硫酸钠（俗称大苏打、海波）：水＝7：1000。

c.结晶硼砂：水＝2.5：100。

配制上述三种溶液时，均用蒸馏水加热至 70℃ 左右，在不断搅拌下，将事先称好的药品放入蒸馏水中，继续搅拌直至完全溶解，待溶液冷却后使用。漂白后用清水洗涤和擦拭干净。

3. 金属面基层处理

钢材等各种金属材料容易受到外界有害介质的侵蚀，同时又要受大气中氧气、风、雨、雪、雾、霜、露等侵蚀，这种侵蚀的过程叫"锈蚀"。氧化的产物叫"氧化皮"。在强腐蚀性化学介质中所引起的侵蚀破坏叫做"腐蚀"。

金属特别是钢铁制品在涂饰前必须将表面的油脂、锈蚀、氧化皮、焊渣、型砂等异物清除干净，否则会阻碍涂层与金属基体的附着力，同时还会造成涂层不平、起泡、龟裂、剥落。特别是锈蚀,如不清除干净,它将在涂层下蔓延,不仅完全起不到保护金属的作用,而且失去装饰的意义。因此,必须认真除锈。

(1)手工处理。

用铲刀、刮刀、斩锤、钢丝刷、铁砂布靠手工斩、铲、刷、磨,除去锈蚀和尘土黏附杂质。一般浮锈是先用钢丝刷刷净后,再用铁砂布打磨光亮;如果锈蚀严重就要先用铲刀、刮刀除去锈斑,再用铁砂布打磨,如有电焊渣要用斩锤斩去,如有油迹可用汽油或松香水洗净。注意除锈以后应立即施涂一遍防锈漆,因为除锈后的钢材面更容易再次生锈。

(2)机械处理。

用压缩空气将石英砂或粗黄砂喷出,高速冲击铁件表面来达到除锈目的。

(3)化学处理。

将酸溶液与金属发生化学反应,使氧化物从金属表面脱落,从而达到除锈的目的。化学除锈特别适用造型复杂的小物件。化学除锈一般采用酸洗。

4.石灰砂浆、混凝土面基层处理

除木质面基层、金属面基层外,施工中常见的基层还有:水泥砂浆及混凝土基层(包括:水泥砂浆、水泥白灰砂浆、现浇混凝土、预制混凝土板材及块材)、加气混凝土及轻混凝土类基层(包括:这类材料制成的板材及块材)、水泥类制品基层(包括:水泥石棉板、水泥木丝板、水泥刨花板、水泥纸浆板、硅酸钙板)、石膏类制品及灰浆基层(包括:纸面石膏板等石膏板材、石膏灰浆板材)、石灰类抹灰基层(包括:白灰砂浆及纸筋灰等石灰抹灰层、白云石灰浆抹灰层、灰泥抹灰层)。这些基层的成分不同,要根据基层的不同情况,采取不同的处理方法。

(1)清理、除污。

对于灰尘,可用扫帚、排笔清扫。对于黏附于墙面的砂浆、杂物以及凸起明显的尖棱、鼓包,要用铲刀、錾子铲除剔凿或用手砂轮打磨。对于油污、脱模剂,要先用 5%～10%浓度的火碱水清洗,然后用清水洗净。对于析盐、泛碱的基层,可先用 3%的草酸溶液清洗,然后再用清水清洗。基层的酥松、起皮部分也必须去掉,并进行修补。外露的钢筋、铁件应磨平、除锈,然后做防锈处理。

(2)修补、找平。

修补、找平是在已经清理干净的基层上,对于基层的缺陷、板缝以及不平整、不垂直处采用刮批腻子的方法予以平整,对于表面强度较低的基层(如圆孔石膏板)还应涂增强底漆。

①混凝土基层。

如果是反打外墙板,由于表面平整度好,一般用水泥腻子填平修补好表面缺陷后便可直接涂饰。内墙做一般的浆活或涂刷涂料。为增加腻子与基层的附着力,要先用 4%的聚乙烯醇溶液或 30%的 108 胶液,或 20%的乳液水喷刷于基层,晾干后刮批大白腻子、石膏腻子或 821 腻子。

②抹灰基层。

由于涂料对基层含水率的要求较严格,一般抹灰基层,均要经过一段时间的干燥,一般采用自然干燥法。对于裂纹,要用铲刀开缝成 V 形,然后用腻子嵌补。

③各种板材基层。

有纸石膏板、无纸石膏板、菱镁板、水泥刨花板、稻草板等轻质内隔墙,其表面质量和平整度一般都不错,对于这类墙面,除采取汁胶刮腻子的方法处理基层外,特别要处理好板间拼接的缝隙,以及防潮、防水的问题。

板缝处理:以有纸石膏板及无纸圆孔石膏板板缝处理为例,有明缝和无缝两种做法。明缝做法见图 2-1。无缝做法见图2-2。

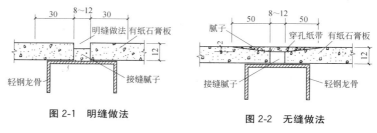

图 2-1　明缝做法　　　　　　图 2-2　无缝做法

④中和处理。

对于碱性大的基层,在涂油漆前,必须做中和处理。方法如下:

a. 新的混凝土和水泥砂浆表面,用 5% 的硫酸锌溶液清洗碱质,1d 后再用水清洗,待干燥后,方可涂漆。

b. 如急需涂漆时,可采用 15%～20% 浓度的硫酸锌或氯化锌溶液,涂刷基层表面数次,待干燥后除去析出的粉末和浮粒,再行涂漆。如采用乳胶漆进行装饰时,则水泥砂浆抹完后一个星期左右,即可涂漆。

c. 防潮处理一般采用涂刷防潮涂层的办法,但需注意以不影响饰面涂层的黏附和装饰质量为准。一般居室的大面墙多不做防潮处理,防潮处理主要用于厨房、厕所、浴室的墙面及地下室等。

d. 纸面石膏板的防潮处理,主要是对护纸面进行处理。通常是在墙面刮腻子前用喷浆器(或排笔)喷(或刷)一道防潮涂料。防潮涂料涂刷时均不允许漏喷漏刷,并注意石膏板顶端也需做相应的防潮处理。

◆》 5.旧涂膜处理

旧涂膜基层处理,实际上就是清除旧涂膜。对旧涂膜可根据其附着力的强弱和表面强度的大小,决定是否全部清除或局部清除。

对于涂层并没有老化,只是因为需要更新而重新施涂的,要考虑其新旧涂膜的相容性。如果相容性好,只要将旧涂膜表面清洗干净,就可以涂刷涂料,一般同品种高分子成膜物质都具有相容性。不相容的要进行全部清除。处理方法如下:

(1)火喷法。

一般适用于金属面和抹灰面。用喷灯将旧涂膜烧化烤焦,边喷边用铲刀刮除涂膜。烧与铲刮要密切配合,待涂膜烧焦后立即刮去,等冷却后则不易铲刮。同时要注意防火。

(2)刀铲法。

一般适用于疏松、附着力已很差的旧涂膜。先用铲刀、刮刀刮涂膜,待大部分涂膜除去后,可用钢丝板刷刷,然后再用铁砂布打磨干净。

(3)碱洗法。

一般适用于木材面。用火碱加水配成火碱液,其浓度以能粘起旧涂膜为准。为了达到碱液滞流效果,可往碱液中加入适量生石灰,将其涂刷在旧涂膜上,反复几次,直至涂膜松软,用清水冲洗干净为止。如要加快脱漆速度可将火碱液加温。脱漆后要注意必须将碱液用清水冲洗干净,否则将影响重新涂饰的质量。

(4)脱漆剂法。

使用脱漆剂时,开桶后要充分搅拌,用油漆刷将脱漆剂刷在旧涂膜上。多刷几遍,待 10min 后,旧涂膜膨胀软化,再用铲刀将其刮去,然后,用酒精或汽油擦洗,将残存的脱漆剂(主要是石蜡成分)洗干净,否则会影响新涂膜的干燥、光泽以及附着力。另外,因强溶剂挥发快,毒性大,操作中要做好防毒和防火工作。

二、油漆工操作技法

1. 嵌批

如果腻子批刮得好,即使是比较粗陋的底层也能涂饰成漂亮的成品;如果腻子批刮不好,就是没有什么缺陷的底层,涂饰后的漆层效果也不会理想。

(1)基本要求。

批刮腻子时,手持铲刀与物面倾斜成 50°~60°夹角,用力填刮。木材面、抹灰面必须是在经过清理并达到干燥要求后进行;金属面必须经过底层除锈,涂上防锈底漆,并在底漆干燥后进行。

为了使腻子达到一定的性能,批刮腻子必须分几次进行。每批刮完一次算一遍,如头遍腻子、二遍腻子等。要求高的精品要达到四遍以上。每批刮一遍,腻子都有其重点要求。

批刮腻子的要领是:实、平、光,见图 2-3。

①第一遍腻子。要调得稠厚些,把木材表面的缺陷如虫眼、节疤、裂缝、刨痕等明显处嵌批一下,要求四边粘实。这遍要领是"实"。

②第二遍腻子。重点要求填平,在第一遍腻子干燥后,再批刮第二遍腻子。这遍腻子要调得稍

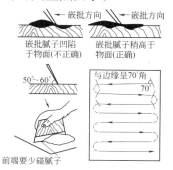

图 2-3　批嵌腻子操作要领

稀一些,把第一遍腻子因干燥收缩而仍然不平的凹陷和整个物面上的鬃眼满批一遍,要求平整。

③第三遍腻子。要求光,为打磨创造条件。每遍腻子的操作次序,要先上后下,先左后右,先平面后棱角。刮涂后,要及时将不应刮涂的地方擦净、抠净,以免干结后不好清理。

(2)操作技法。

①橡胶刮板。

拇指在前,其余四指托于其后使用。多用于涂刮圆柱、圆角、收边、刮水性腻子和不平物件的头遍腻子。

②木刮板。

顺用的木刮板,虎口朝前大把握着使用。因为它刃平而光,又能带住腻子,所以用它刮平面是最合适的,既能刮薄又能刮厚。横刃的大刮板,用两手拿着使用,先用铲刀将腻子挑到物件上,然后进行刮涂。特点是适于刮平面和顺着刮圆棱。

③硬质塑料刮板。

因为弹性较差,腰薄,不能刮涂稠腻子,带腻子的效果也不太好,所以只用于刮涂过氯乙烯腻子(其腻子稠度低)。

④钢刮板。

板厚体重,板薄腰软,刮涂密封性好,适合刮光。

⑤牛角刮板。

具有与椴木刮板相同的效能,其刃韧而不倒,只适合找腻子使用。

做腻子讲究盘净、板净,刮得实,干净利落边角齐,平整光滑易打磨,无孔无泡再涂刷。

(3)嵌批方法。

嵌批在涂饰施工中,占用工时最多,要求工艺精湛。嵌批质量好,可以弥补基层的缺陷。故除要熟悉嵌批技巧和工具的使用外,根据不同基层、不同的涂饰要求,掌握、选择不同的腻子也非常重要,见表 2-2～表 2-4。

表 2-2 **木质面基层腻子的选用及嵌批方法**

涂层做法	腻子选用及嵌批方法
清油→铅油→色漆面涂层	选用石膏油腻子。在清油干后嵌批。对较平整的表面用钢皮刮板批刮,对不平整表面可用橡胶刮板批刮
清油→油色→清漆面涂层	选用与清油颜色相同的石膏油腻子。嵌批腻子应在清油干后进行。鬃眼多的木材面满刮腻子。磨平嵌补部位腻子
润油粉→漆片→硝基清漆面涂层	选用漆片大白粉腻子。润油粉后嵌补。表面平整时可在刷油 2～3 遍漆片后,用漆片大白粉腻子嵌补;表面坑凹时则加色石膏油腻子嵌补,颜色与油粉相同。室内木门可在润油粉前用漆片大白粉腻子嵌补,嵌满填实,略高出表面,以防干缩
清油→油色→漆片→清漆面涂层	选用加色石膏油腻子,在清油干后满批。对表面比较光洁的红、白松面层采用嵌补;对缺陷较多的杂木面层一般要满批
水色→清油→清漆面涂层	选用加色石膏油腻子,在清油干后满批。为使木纹清晰,要把腻子收刮干净。待批刮的腻子干后,再嵌补洞眼凹陷
润油粉→聚氨酯清漆底→聚氨酯清漆面涂层	选用聚氨酯清漆腻子,腻子颜色要调成与物面色相同。在润完油粉后嵌批。嵌批时动作要快,不能多刮,只能一个来回
清油→油色→清漆面涂层(木地板油漆)	选用石膏油腻子。先将裂缝等缺陷处用稠石膏油腻子嵌填,打磨、清扫,再满刮批。满批腻子用水量要少,油量增加 20%。满批前先把腻子在地板上做成条状,双手用大刮板边批刮边收净腻子
润油粉→漆片→打蜡涂层(木地板油漆)	选用石膏油腻子。嵌补腻子要在润油粉、刷二道漆片后进行。腻子的加色要和漆片颜色相同,嵌疤要小,一般不满批

表 2-3　　　　　　水泥、抹灰面层腻子的选用及嵌批方法

涂层做法	腻子选用及嵌批方法
无光漆或调和漆涂层	选用石膏油腻子,批头遍腻子干后不宜打磨,二遍腻子批平整。水泥砂浆面要纵横各批一遍
大白浆涂层	选用菜胶腻子或纤维素大白腻子。满批一遍,干后嵌补。如刷色浆,批加色腻子
过氯乙烯漆涂层	选用成品腻子。在底漆干后,随嵌随刮(不满批),不能多刮以免底层翻起
石灰浆涂层	选用石灰膏腻子。在第一遍石灰浆干后嵌补,用钢皮刮板将表面刮平

表 2-4　　　　　　金属面层腻子的选用及嵌批方法

涂层做法	腻子选用及嵌批方法
防锈漆→色漆涂层	选用石膏油腻子。防锈漆干后嵌补。为增加腻子干性,宜在腻子中加入适量厚漆或红丹粉
喷漆涂层	选用石膏腻子或硝基腻子。为避免出现龟裂和起泡,在底漆干后嵌批。头道腻子批刮宜稠,使表面呈粗糙。二道、三道腻子稀。硝基腻子干燥快,批刮要快,厚度不超过 1mm。第二遍腻子要在头遍腻子干燥后批刮。硝基腻子干后坚硬,不易打磨,尽量批刮平

（4）两三下成活涂法。

两三下成活涂法是做腻子的基础。这种刮涂法首先是抹腻子,把物面抹平,然后再刮去多余的腻子,刮光。

①挖腻子。

从桶内把腻子挖出来放在托盘上,将水除净,以稀料调整稠度合适后,用湿布盖严,以防干结和混入异物。当把物件全部清理好后,用刮板在托盘的一头挖一小块腻子使用,挖腻子是平着刮板向下挖,不要向上掘。

②抹腻子。

把挖起来的腻子,马上往物件左上角打,即要放的干净利落。这一抹要用力均衡,速度一致,逢高不抬,逢低不沉,两边相顾,涂层均匀。腻子的最厚层以物件平面最高点为准,见图2-4。

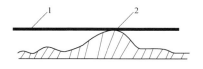

图2-4　腻子的厚度以物面最高点为准
1—抹腻子平面;2—物面最高点

③刮腻子。

为同一板腻子的第二下。先将剩余的腻子打在紧挨这板腻子的右上角,把刮板里外擦净,再接上一次抹板的路线,留出几毫米宽的厚层不刮,用力按着刮下去,保持平衡并压紧腻子。这时,刮板下的腻子越来越多,所以越刮刮板越趋向与物面垂直。当刮板刮到头时,将刮板快速竖直,往怀里带,就能把剩余的腻子带下来。把带下的腻子仍然打在右上角。若这一板还没刮完,那么就得按第二下的方法把刮板弄净,再来第三下。刮过这三下,腻子已干凝,应争取时间刮紧挨这板的另一板,否则两板接不好。又由于手下过涩,所以再刮就易卷皮。

④"两三下成活"涂法。

头一板腻子完成后,紧接着应刮第二板腻子。第二板腻子要求起始早,需要在刮第一板的右边高棱尚未干凝以前刮好,使两板相接平整。刮涂第二板时,可按第一板的刮法刮下去,若剩余的腻子不够一板使用,应补充后再刮。两板相接处要涂层一致,保持平整。

分段刮涂的两个面相接时,要等前一个面能托住刮板时再刮,否则易出现卷皮。

防止卷皮或发涩的办法为:在同样腻子条件下,加快速度刮完,或者再次增添腻子以保证润滑。后增添腻子,涂层增厚,需费工时打磨。

除熟练地掌握嵌、批各道腻子的技巧和方法外,还应掌握腻子中各种材料的性能与涂刷材料之间的关系。选用适当性质的腻子及嵌批工具。

2. 打磨

无论是基层处理,还是涂饰的工艺过程中,打磨都是必不可少的操作环节。应能根据不同的涂料施工方法,正确地使用不同类型的打磨工具,如木砂纸、铁砂布、水砂纸或小型打磨机具。

在各道腻子面上打磨要掌握:"磨去残存,表面平整""轻磨慢打,线角分明",并能正确地选择打磨工具的型号。

(1)打磨工艺要点。

①涂膜未干透不能磨,否则砂粒会钻到涂膜里。

②涂膜坚硬而不平或涂膜软硬相差大时,可利用锋利磨具打磨。如果使用不锋利的磨具打磨,会越磨越不平。

③怕水的腻子和触水生锈的工件不能水磨。

④打磨完应除净灰尘,以便于下道工序施工。

⑤一定要拿紧磨具的保护手,以防把手磨伤。

(2)打磨方式。

用手拿砂纸或砂布打磨称为手磨;用木板垫在砂纸或砂布上进行打磨或以平板风磨机打磨称为卡板磨;用水砂纸、水砂布蘸着水打磨称为水磨。

(3)手工打磨。

砂纸砂布的选用原则:按照打磨量、打磨的精或粗,选择使用不同型号的砂纸、砂布;按照涂膜不同性质,选择布砂纸或水砂纸。

①打磨要求。

先重后轻、先慢后快、先粗后细、磨去凸突,达到表面平整、线角分明。

②具体操作。

把砂纸或砂布包裹在木垫中,一手抓住垫块,一手压在垫块上,均匀用力。也可用大拇指、小拇指和其他三个手指夹住砂纸打磨,见图2-5。

(a)　　　　　　　　　　　　　　　　　(b)

图 2-5　砂纸打磨法
(a)用手打磨;(b)砂纸包在木垫上打磨

打磨涂膜层,涂料施涂过程中,膜面出现橘皮、凹陷或颗粒体质料,采用干磨,用力要轻。膜层坚硬,可先采用溶剂溶化,用水砂纸蘸汽油打磨。

(4)打磨技法。

打磨技法分为磨头遍腻子、磨二遍腻子、磨末遍腻子、磨二道浆、磨漆腻子、磨漆皮。

①磨头遍腻子。

头遍腻子要把物件做平,在腻子刮涂得干净无渣、无突高腻棱时,不需打磨,否则应进行粗磨。粗磨头遍腻子要达到去高就低的目的,一般用破砂轮、粗砂布打磨。

②磨二遍腻子。

磨二遍腻子即磨头遍与末遍中间的几道腻子。磨二遍腻子可以干磨或水磨,但应用卡板打磨,并要求全部打磨一遍。打磨顺序为:先磨平面,后磨棱角。干磨是先磨上后磨下;水磨是先磨下后磨上。圆棱及其两侧直线是打磨重点。这些地方磨整齐了,全物件就整洁美观。面、棱磨完后,换为手磨,找尚未磨到之处和圆角。

③磨末遍腻子。

如果末遍腻子刮得好,只需要磨光,刮得不好,要先用卡板磨平后,再手磨磨光。在这遍打磨中,磨平要采用1.5号砂布或150粒度水砂纸;细磨要使用1~60号砂布或220~360粒度水砂纸,磨的顺序与二遍腻子打磨相同。全部打磨完后,再复查一遍,并用手磨方法把清棱清角轻轻地倒一下,最后全部收拾干净。

④磨二道浆。

磨二道浆完全采用水磨。浆喷得粗糙,可先用180粒度水砂纸卡板磨,再用磨浆喷得细腻的220~360粒度水砂纸打磨。磨二道浆不许磨漏,即不许磨出底色来。水磨时,水砂纸或水砂布要在温度为10~25℃的水中使用,以免发脆。

⑤磨漆腻子。

磨漆腻子可以用60号砂布蘸汽油打磨,最后用360粒度水砂纸水磨。全部磨完后,把灰擦净。

⑥磨漆皮。

喷漆以后出现的皱皮或大颗粒都需要打磨。因漆皮很硬不易磨,较严重者可先用溶剂溶化,使其颗粒缩小后再用水砂纸蘸汽油打磨。多蘸汽油,着力轻些就不会出现黏砂纸的现象。采用干磨时,手更要轻一些。

3. 擦揩

擦揩包括清洁物件、修饰颜色、增亮涂层等多重作用。

(1)擦涂方法。

掌握木材面显木纹清水油漆的不同上色的擦揩方法(包括

润油粉、润水粉擦揩和擦油色），并能做到快、匀、净、洁四项要求。

①快。擦揩动作要快，并要变化揩的方向，先横纤维或呈圆圈状用力反复揩涂。设法使粉浆均匀地填满实木纹管孔。

②匀。凡需着色的部位不应遗漏，应揩到揩匀，揩纹要细。

③洁净。擦揩均匀后，还要用干净的棉纱头进行横擦竖揩，直至表面的粉浆擦净，在粉浆全部干透前，将阴角或线角处的积粉，用剔脚刀或剔角筷剔清，使整个物面洁净、水纹清晰、颜色一致。

（2）具体操作方法。

要先将色调成粥状，用毛刷呛色后，均刷一片物件，约0.5m²。用已浸湿拧干的软细布猛擦，把所有鬃眼腻平，然后再顺着木纹把多余的色擦

图2-6 布下成平底的执法

掉，求得颜色均匀、物面平净。在擦平时，布不要随便翻动，要使布下成为平底。布下成平底的执法，见图2-6。颜色多时，将布翻动，取下颜色。总的速度要在2～3min内完成。手下不涩，鬃眼擦不平。

（3）擦漆片。

擦漆片，主要用作底漆。

水性腻子做完以后要想进行涂漆，应先擦上漆片，使腻子增加固结性。

擦漆片一般是用白棉布或白的确良包上一团棉花拧成布球，布球大小根据所擦面积而定，包好后将底部压平，蘸满漆片，在腻子上画圈或画8字形，或进行曲线运动，像刷油那样挨排擦均。擦漆片见图2-7。

（4）揩蜡克。

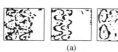 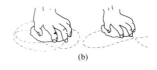

图 2-7　擦漆片

(a)擦涂路线；(b)擦涂方式

如清漆的底色，没有把工件全填平，涂完后显亮星，有碍美观。若第二遍硝基清漆以擦涂方法进行，可以填平工件。首先要根据麻眼大小调好漆，麻眼大，漆应稠；麻眼小，可调稀。擦平后，再以溶剂擦光但不打蜡。

涂硝基漆后，涂膜达不到洁净、光亮的质量要求，可以进行抛光。抛光是在涂膜实干后，用纱包涂上砂蜡按次序推擦。直擦到光滑时，再换一块干净细软布把砂蜡擦掉（其实孔内的砂蜡已擦不掉了）。然后擦涂上光蜡。使用软细纱布、脱脂棉、头发等物，快速轻擦。光亮后，间隔半日，再擦还能增加一些光亮度。

抛光擦砂蜡具有很大的摩擦力，涂膜未干透时很容易把涂膜擦卷皮。为确保安全，最好把抛光工序放在喷完漆两天后进行。

使用上光蜡抛光时，常采用机动工具。采用机动工具抛光时，应特别注意抛光轮与涂面洁净，否则涂面将出现显著的划痕。

第一次揩涂所用的硝基清漆黏度稍高（硝基清漆与香蕉水的比例为 1:1）。具体揩涂时，棉球蘸适量的硝基清漆，先在表面上顺木纹擦涂几遍。接着在同一表面上采用圈涂法，即棉球以圆圈状的移动在表面上擦揩。圈涂要有一定规律，棉球在表面上一边转圈，一边顺木纹方向以均匀的速度移动。从表面的一头揩到另一头。在揩一遍中间，转圈大小要一致，整个表面连续从头揩到尾。在整个表面按同样大小的圆圈揩过几遍后，圆圈直径可增大,可由小圈、中圈到大圈。棉球运动轨迹见图 2-8。

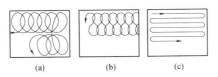

(a)　　　　　(b)　　　　　(c)

图 2-8　棉球运动轨迹

(a)圈涂;(b)8 字形涂;(c)直涂

可能留下曲线形涂痕。这时,一般还要采用横揩、斜揩数遍后,再顺木纹直揩的方法,以求揩出的漆膜平整,并消除曲线形涂痕,这时可结束第一次(也称第一操)揩涂。

揩涂法之所以能够获得具有很高装饰质量的漆膜,是因为揩涂的涂饰过程符合硝基清漆形成优质漆膜的规律。揩涂法的每一遍都形成了一个较为平整均匀而又极薄的涂层,干燥时收缩很小。揩涂的压力比刷涂大,能把油漆压入管孔中,因而漆膜厚实丰满。如前述,挥发型漆的漆膜是可逆的,能被原溶剂溶解。这样每揩涂一遍,对前一个涂层起到两个作用:一是增加涂层厚度,二是对前一个涂层起到一定程度的溶平修饰作用。硝基漆中的溶剂能把前一个涂层上的皱纹、颗粒、气泡等凸出部分溶去,而漆中的成膜物质又能把前一个涂层的凹陷部分填补起来,这样又形成一个新的较为平整均匀的涂层。多次逐层积累,最终的表面漆膜则平滑而均匀。再经过进一步的砂磨抛光,即获得具有装饰质量良好并能经久耐用的漆膜。

4.常用涂饰技艺

(1)刷涂。

刷涂是用排笔、毛刷等工具在物体饰面上涂饰涂料的一种操作,是涂料施工最古老、最基本的一种施工方法。其特点为:

工具简单、轻巧,易于掌握,施工方便,适应性广。

刷涂质量的好坏,主要取决于操作者的实际经验和操作熟练程度。操作者不但要掌握各种刷涂工具的正确使用和维护保管方法,而且还要掌握各种刷具的使用技巧,并根据各层涂料的不同要求,正确使用不同型号和不同新旧程度的刷具。

①刷涂时,首先要调整好涂料的黏度。用鬃刷刷涂的涂料,黏度一般以40～100s为宜(25℃,涂-4黏度计),而排笔刷涂的涂料以20～40s为宜。使用新漆刷时要稀点;毛刷用短后,可稍稠点。相邻两遍刷涂的间隔时间,必须能保证上一道涂层干燥成膜。刷涂的厚薄要适当、均匀。

②用鬃刷刷涂油漆时,刷涂的顺序是先左后右,先上后下,先难后易,先线角后平面,围绕物件从左向右,一面一面地按顺序刷涂,避免遗漏。对于窗户,一般是先外后里,对向里开启的窗户,则先里后外;对于门,一般是先里后外,而对向外开启的门则要先外后里;对于大面积的刷涂操作,常按"开油→横油斜油→理油"的方法刷涂。油刷蘸油后上下直刷,每条间距5～6cm叫开油,开油时,可多蘸几次漆,但每次不宜蘸得太多。开油后,油刷不再蘸油,将直条的油漆向横的方向和斜的方向刷匀叫横油斜油。最后,将鬃刷上的漆在桶边擦干净后,在涂饰面上顺木纹方向直刷均匀称为理油。全部刷完后,应再检查一遍,看是否已全部刷匀刷到,再把刷子擦干净,从头到尾再顺木纹方向刷均匀,消除刷痕,使其无流坠、橘皮或皱纹,并注意边角处不要积油。

③用排笔涂油漆时,要始终顺木纹方向涂刷,蘸漆量要合适,不可过多,下笔要稳准,起笔落笔要轻快,运笔中途可稍重些。刷平面要从左到右,刷立面要从上到下,刷一笔是一笔,两笔之间不可重叠过多。蘸漆量要均匀,不可一笔多、一笔少,以

免显出刷痕并造成颜色不匀。刷涂时,用力要均匀,不可轻一笔,重一笔,随时注意不可刷花、流挂,边角处不得积漆。刷涂挥发快的虫胶漆时,不要反复过多地回刷,以免咬底刷花;一笔到底,中途不可停顿。

④刷涂时还应注意:在垂直的表面上刷漆,最后理油应由上向下进行;在水平表面上刷漆,最后理油应按光线照射方向进行;在木器表面刷漆,最后理油应顺着木材的纹路进行。

刷涂水性浆活和涂料时,较刷油简单。但因面积较大,为取得整个墙面均匀一致的效果,刷涂时,整个墙面的刷涂运笔方向和行程长短均应一致,接槎最好在分格缝处。

(2)滚涂。

滚涂是用毛辊进行涂料的涂饰。

①优点:工具灵活轻便,操作容易,毛辊着浆量大,较刷涂的工效高,且涂布均匀,对环境无污染,不显刷痕和接槎,装饰质量好。

②缺点:边角不易滚到,需用刷子补涂,滚涂油漆饰面时,可以通过与刷涂结合或多次滚涂,做成几种套色的、带有多种花纹图案的饰面样式。

③与喷涂工艺相比,滚涂的花纹图案易于控制,饰面式样匀称美观;还可滚涂各种细粉状涂料、色浆或云母片状厚涂料等;可采用花样辊压出浮雕状饰面、拉毛饰面等。做平光饰面时,可用刷辊,要求涂料黏度低,平展性好。对于作厚质饰面时,可用布料辊,既可用于高黏度涂料厚涂层的上料,又可保持滚涂出来的原样式。再用各种花样辊如拉毛辊、压花辊,作出拉毛或凹凸饰面。

④滚涂施工是一项难度较高的工艺,要求有比较熟练的技术。滚涂施工的基本操作方法如下:

a. 先将涂料倒入清洁的容器中,充分搅拌均匀。

b. 根据工艺要求适当选用各种类型的辊子如压花辊、拉毛辊、压平辊等,用辊子沾少量涂料或沾满涂料在铁丝网上来回滚动,使辊子上的涂料均匀分布,然后在涂饰面上进行滚压。

c. 开始时要少蘸涂料,滚动稍慢,避免涂料被用力挤出飞溅。滚压方向要一致,避免蛇行和滑动。滚涂路线见图 2-9。先使毛辊按倒 W 形运行,把涂料大致涂在墙面上。然后,做上下左右平稳的纯滚动,将涂料分布均匀。

d. 滚压至接槎部位或达到一定的段落时,可用不沾涂料的空辊子滚压一遍,以保持涂饰面的均匀和完整,并避免接槎部位显露明显的痕迹。

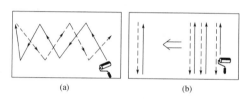

图 2-9　滚涂路线
(a)滚筒毛刷的运行;(b)滚筒毛刷的运行

e. 阴角及上下口等细微狭窄部分,可用排笔、弯把毛刷等进行刷涂,然后,再用毛辊进行大面积滚涂。

f. 滚压一般要求两遍成活,饰面式样要求花纹图案完整清晰,均匀一致,涂层厚薄均匀,颜色协调。两遍滚压的时间间隔与刷涂相同。

(3)喷涂。

①喷涂工艺特点。

a. 喷涂是用压力或压缩空气将涂料涂布于物面的机械化操作方法。

　　b. 其优点是涂膜外观质量好,工效高,适用于大面积施工,对于被涂物面的凹凸、曲折、倾斜、孔缝等都能喷涂均匀,并可通过涂料黏度、喷嘴大小及排气量的调节获得不同质感的装饰效果。

　　c. 缺点是涂料的利用率低,损耗稀释剂多,喷涂过程中成膜物质约有 20％飞散在施工环境中。同时,喷涂技法要求较高,尤其是使用硝基漆、过氯乙烯漆、氨基漆和双组分聚酯油漆,对喷涂技法的要求更高。

　　②气动涂料喷枪,见图 2-10,可由较大的涂料生产厂配套供应。大规模的涂饰工程或有条件的工地可采用液压的高压无气喷涂机,涂料的雾化更为均匀。对于小型的修缮工程或家庭使用则可采用手动喷浆机作为动力。

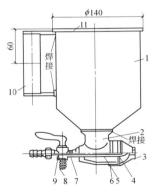

图 2-10　内混式气动涂料喷枪构造示意图

1—料斗;2—涂料通路;3—涂料喷嘴;4—空气喷嘴;

5—空气通道;6—涂料喷嘴调节螺母;7—定位旋钮;

8—弹簧;9—气阀开关;10—手柄;11—盖板

　　③喷枪检查。

　　a. 将皮管与空气压缩机接通,检查气道部分是否通畅。

b. 各连接件是否紧固,并用扳手拧紧。

c. 涂料出口与气道是否为同心圆,如不同心,应转动调节螺母调整涂料出口或转动定位旋钮调整气道位置。

d. 按照涂料品种和黏度选用适合的喷嘴。薄质涂料选用孔径为 2～3mm 的喷嘴,骨料粒径较小的粒状涂料及厚质、复层涂料选用 4～6mm 左右的喷嘴,较大的粒状涂料、软质涂料和稠度较大的涂料选用 6～8mm 的喷嘴。

④选用合适的喷涂参数。

a. 空气压缩机的工作压力在 0.4～0.8MPa（约 4～8kgf/cm²）之间为宜,见图 2-11。

b. 喷嘴和喷涂面间距离一般为 40～60cm（喷漆则为 20～30cm）。喷嘴距喷涂面过近,涂层厚薄难以控制,易出现涂层过厚或流挂现象。距离过远,涂料损耗多,见图 2-12。

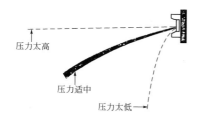

图 2-11　选择压力示意图

图 2-12　调整距离示意图

c. 在料斗中加入涂料,应与喷涂作业协调,采用连续加料的方式,应在料斗中涂料未用完之前即加入,使涂料喷涂均匀。同时还应根据料斗中涂料加入的情况,调整气阀开关。

⑤喷涂作业。

a. 手握喷枪要稳,涂料出口应与被喷涂面垂直,不得向任何方向倾斜。图 2-13 中,上图位置为正确,下图为不正确。

b.喷枪移动长度不宜太大，一般以70～80cm为宜，喷涂行走路线应成直线，横向或竖向往返喷涂，往返路线应按90°圆弧形状拐弯，见图2-14(a)；而不要按很小的角度拐弯，见图2-14(b)。

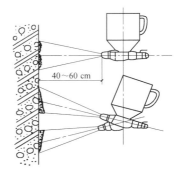

图2-13 涂料出口位置示意图

c.喷涂面的搭接宽度，即第一行喷涂面和第二行喷涂面的重叠宽度，一般应控制在喷涂面宽度的1/3～1/2，以便使涂层厚度比较均匀，色调基本一致。这就是所谓的"压枪喷"，见图2-15。

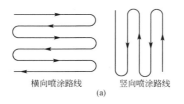

横向喷涂路线　　竖向喷涂路线
(a)

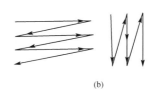

(b)

图2-14 喷枪移动示意图
(a)正确的喷涂路线；(b)不正确的喷涂路线

要做到以上几点，关键是练就喷涂技法。喷涂技法讲究手、眼、身、步法，缺一不可，枪柄夹在虎口，以无名指轻轻拢住，肩要下沉。若是大把紧握喷枪，肩又不下沉，操作几小时后，手腕、肩膀就会乏力。喷涂时，喷枪走到哪里，眼睛看到哪里，既要找准枪去的位置，又要注意喷过之处涂膜的形成情况和喷雾的落点，要以身躯的移动协助臂膀的移动，来保证适宜的喷射距离及与物面垂直的喷射角度。喷涂时，应移动手臂而不是手腕，但手腕要灵活，才能协助手臂动作，以获得厚薄均匀适当的涂层。

　　d.喷枪移动时,应与喷涂面保持平行,而不要将喷枪作弧形移动(图 2-16),否则中部的涂膜较厚,周边的涂膜就会逐渐变薄。同时,喷枪的移动速度要始终保持均匀一致,这样涂膜的厚度才能均匀。

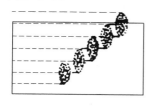

图 2-15　压枪喷法

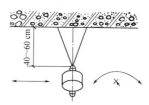

图 2-16　喷枪移动要保持平行

　　e.喷涂时应先喷门窗口附近。涂层一般要求两遍成活。墙面喷涂一般是头遍横喷,第二遍竖喷,两遍之间的间隔时间,随涂料品种及喷涂厚度而有所不同,一般 2h 左右。喷涂施工最好连续作业,一气呵成,完成一个作业面或到分格线再停歇。在整个喷涂作业中,要求作到涂层平整均匀,色调一致,无漏喷、虚喷及涂层过厚,形成流坠等现象。如发现上述情况,应及时用排笔涂刷均匀,或干燥后用砂纸打去涂层较厚的部分,再用排笔涂刷处理。

　　f.喷涂施工时应注意对其他非涂饰部位的保护与遮挡,施工完毕后,再拆除遮挡物。

三、溶剂型涂料施工

1.木门窗铅油、调和漆的施涂(混色漆)工艺

　　(1)操作工艺顺序。

　　基层处理→施涂清油→打磨、嵌批腻子→打磨、复补腻子→

打磨、施涂铅油→打磨、施涂面漆(浅色两遍,深色一遍)。

(2)基层处理。

对于新的木门窗,首先要用油灰刀将粘在上面的水泥、砂浆、胶液等脏物清除干净,然后用1½号砂纸打磨门窗的表面;留在门窗上的外露铁钉应拔去或将钉帽钉入基层物面不少于1mm。

(3)施涂清油。

清油作为第一遍施涂的材料有四个方面的作用:能清除浮灰;能使纤维发硬而便于打磨;能防止木材受潮湿而引起变形,能起到良好的抗腐蚀作用;能增加面漆的附着能力及节约涂料;能加快嵌批腻子的干燥速度。

①木门窗施涂一般采用50mm和63mm两种规格的油漆刷,新油漆刷在施涂前应将刷毛轻轻拍打几下,并将内部的脱毛捻去。此后还可将油漆刷的头端在1号砂纸上来回磨刷几下,使端毛柔软以减少涂刷时的刷纹。

②涂刷时手势应正确,视线始终不离开油漆刷。

③蘸油时蘸油量的多少要视涂饰面的大小、涂料的厚薄(稠稀)、油漆刷毛头的长短三种情况而定。蘸油时,刷毛浸入漆中的部分应为刷毛长的1/3~1/2为宜。

④蘸油后漆刷应在容器的内壁轻轻地来回拍两下,使蘸起的漆液均匀地渗透在刷毛内,然后开始按自上而下、自左而右、由外到里、先难后易的顺序,先刷左边的腰窗,将玻璃框及上下冒头和侧面先施涂好,然后再刷腰窗的平面处及窗的边框。

⑤在门窗框和狭长的物件上施涂时,要用油漆刷的侧面上油,上满油后再用油漆刷的平面(大面)刷匀并理直。在涂刷外部时如果没有脚手架或其安全可靠供站立的平台,而只能站在窗台上时,要注意安全。尤其是三开窗,由于左边的窗扇是反

手,操作时左手要抓住窗挡,将漆桶用一吊钩悬挂在窗的横挡上或放在内窗台上,先漆左面的一扇再漆右面的一扇,最后再漆中间一扇。做完外面再退入室内,这样的顺序较为理想,而且周转的空间也较大,并且可以避免涂料沾在身上。

（4）打磨及嵌批腻子。

①腻子的嵌批要等清油干燥后用 $1\frac{1}{2}$ 号砂纸打磨并清理干净后方能进行。

②木门窗多采用石膏油腻子进行嵌批。用于门窗嵌批的腻子要求调得硬一些,因为门窗大都是用软材,材质轻软,易于吸水,与气候关系密切且干裂时缝隙也较大,所以嵌补腻子时对上下冒头、拼缝处一定要嵌好。对于硬材类的门窗,要将大的缺陷用硬的腻子嵌补,再进行满批腻子,这是因为此类板材的表面鬃眼往往较深,一定要满批腻子,否则影响表面的平整与光洁。腻子嵌批时要比物面略高一些,以免干后收缩。

③满批腻子可用牛角翘或薄钢片批板操作,满批时常采用往返刮涂法。如一平置板面,先将腻子敷在板面的上方边缘成一条直线,然后将批板握成与板面约成 $45°\sim60°$ 夹角,同时批板还要握得斜转些与边缘约为 $70°$ 左右的角度,按此手势将已敷上的腻子向前嵌批。嵌批时,要注意批板的前端要少碰腻子,力用在后端,沿直线从右往左一批到头,然后利用手腕的转动将批板原来的末端改为前端重叠四分之一面积,再从左到右,这样来回往复直至最后板下面的边缘,此时应用腻子托板接住刮出的多余腻子。

④满批及收刮腻子的钢皮批板宜固定一面使用,不宜两面使用;满批腻子时要养成批直线顺木纹的习惯,不可批成圆弧状;收刮腻子要干净,不可有多余的腻子残留在物面上。

（5）打磨及复补腻子。

①腻子干透后必须用 1 号砂纸或使用过的 1½ 号旧砂纸打磨木门窗的各个表面,以磨掉残余的腻子及磨平木面上的毛糙处。

②打磨平面时,砂纸要紧压在磨面上,可在砂纸内衬一块合适的方木或泡沫块,这样打磨使劲,可以磨出理想的平整面。为了避免砂纸将手磨破,可将砂纸折叠一下。打磨这道工序看似简单,但其操作好坏将直接影响涂膜的外观质量。所以操作应仔细,打磨的方向要顺着木材的纹理,不得横向、斜向等乱纹打磨;对于楞角、线迹等处要轻轻地打磨,否则很容易将该处的腻子全部磨掉而露白。

③打磨完后用专用的清理油漆刷将打磨下的脏物及灰尘掸干净。同时应检查是否有遗留下的孔眼和因腻子干燥后凹陷的部分,并用较厚质的腻子进行复补。

(6)打磨及施涂铅油。

待复补腻子干燥后,用 1 号砂纸打磨复补处,并清理干净。铅油施涂方法与施涂清油相同,可使用同一把油漆刷,由于铅油中的油分只占总重量的 10%～20%,掺入的溶剂又较多,挥发较快,所以铅油的流平性能差。在大面积的门板施涂中应采用"蘸油→开油→横油→理油"的施涂操作方法。

①蘸油。油漆刷蘸油后,应在容器的内壁上两面各拍一下,立即提起并依靠手腕的转动配合身躯的运动到被涂物的表面上,这样可保证蘸油既多又不易使漆液滴落在其他物面上。

②开油。由于铅油较为厚稠,涂刷中一时难以均匀地展开,而且基层处理差异又较大。有的基层已施涂涂料,再施涂新涂料后不会马上渗入木材表面,这样涂膜干燥速度相对较慢,涂刷也较为方便,开油的间距可以加宽,可取 50～60mm;对较粗糙的基层因吸油较快或因油漆刷的毛过长而柔软,这样在开油时

应减小间距,一般取 30~40mm 为宜。开油方法见图 2-17(a)。

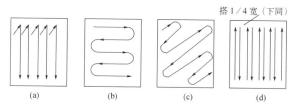

图 2-17　铅油施涂法
(a)开油;(b)横油;(c)斜油;(d)理油

开油的方向要视木纹方向而定,要求顺木纹开油。开油时施涂的涂料不超过四周的边缘,但也不能相距太远,一般以20~30mm 为宜。蘸油和开油是一串连贯的动作,要求速度快、刷纹直,并视漆液的稠度控制用力的均匀度。一般落点处用力较轻(因为此时油漆刷内饱蘸着漆液),并逐渐增加手腕的压力,沿直线将残留在毛刷内的漆液挤压到被饰物面的表面,当刷到近物面端部时应注意将刷子轻轻地提起,以免产生流挂。

③横油。在开油后不再进行蘸油,而是利用油漆刷与开油方向呈 90°角进行施涂,将开油时不曾触及的部分用力施涂直到使施涂表面的涂膜均匀为止。若横油不能使涂料充分摊开并均匀地附着在饰面上时,可以再进行一次斜油处理。直至被施涂面均匀一致,没有刷痕、露底的现象。四角边缘处不得有流挂的现象,一经发现应马上用油漆刷揎干后,吸出流挂的涂料并理顺。横油、斜油的方向见图 2-17(b)、(c)。

④理油。理油前应将油漆刷在容器的边缘两面刮几下,以刮去还残留在毛上的漆液,然后将毛口对准楞角轻轻地沿直线从左往右顺木纹一刷到底,完成一个回路;再从终点楞角处重叠原回路 1/4 平行地刷回,这样来回施涂整个饰面,最后对楞角处

不妥的地方要轻轻地理顺,整个理油过程就此结束。理油方法见图 2-17(d)。

(7)打磨及施涂面漆。

①施涂铅油后涂膜的表面并不平整,还会产生刷痕、气泡、厚度不均匀等现象,应用 1 号砂纸打磨平整并清理干净。打磨的要求同前所述。在施涂面漆前还应对木门窗进行检查,看是否还有脏物存在,主要是水柏油或松香油脂渗出,若有这种现象可用 1∶3 虫胶清漆进行封底,否则,施涂面漆后,油脂还会渗漏出来。

②施涂面漆应采用施涂过清油、铅油的油漆刷,不要选用新油漆刷。事先应将油漆刷清洗一下,油漆刷的毛端不宜过长或过短,因刷毛过长会造成流坠及干燥皱纹现象,而刷毛过短,由于毛端过硬,易产生刷痕和露底。所以应掌握施涂时的蘸油量,门窗的各个面都要仔细地施涂到。操作方法和铅油相同,但要求较高,尤其在施涂时不得中途起落刷子,以免留下刷痕,见图 2-18。

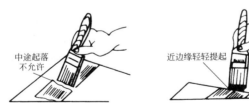

中途起落
不允许

近边缘轻轻提起

图 2-18　油漆刷中途起落留下刷痕

③涂刷完毕要打开窗扇并固定好五金件,这样既有利于涂膜干燥,又可防止窗扇及门窗与框边涂料相粘。

涂刷全部结束后,要避免饰面受烈日照射和直接吹风,否则会因涂层表面成膜过快引起皱皮、起泡或粘上灰尘,影响质量。

④面漆作为最后一道操作工序,其操作工艺要求比前一遍施涂底漆严格,这就要求操作者必须动作快,手腕灵活,刷纹直,用力均匀,蘸油量少,次数多,整个过程应一气呵成。

深颜色的面漆一般只施涂一遍,浅色颜色施涂两遍,只是在两遍面漆之间增加一遍打磨及过水工艺。具体作法是:采用 1号旧砂纸或 0 号砂纸打磨表面,清理干净后用湿润的毛巾将表面擦揩干净(即过水),待其干燥后施涂第二遍面漆。

(8)操作注意事项。

①木材面的含水率应在 12% 以下,不能在潮湿的情况下施工。

②木窗表面若有松脂存在,应用碱液或 25% 的丙酮水溶液清洗干净。

③对开启的清油、铅油及调和漆,在使用中应充分搅拌,尤其是面漆,以免造成涂饰面的颜色深浅不一的现象。

④涂料若有结皮的现象,应用 60 目的筛子过滤后方可使用,并根据涂料的黏度决定是否加相配套的稀释剂。

⑤清油一定要施涂到各部位,施涂时,宜薄不宜厚,以免在嵌批腻子时打滑及降低附着能力。

⑥人站在窗台上油漆时,应有安全措施,不得踩在木窗上,以免造成损伤。

⑦涂刷门框、窗框或贴脸等边缘时,要垂直整齐,门窗上的小五金、玻璃等不得施涂上涂料,并做好落手清工作。

2. 木门窗铅油、调和漆的施涂(分色混色漆)工艺

分色木门窗涂饰工艺应用得较为广泛。分色即将门窗的内外两面分成两种颜色。习惯上常取外深内浅的形式,装饰效果较好。

（1）操作工艺顺序。

基层处理→施涂清油→打磨、嵌批腻子→打磨、复补腻子→打磨、施涂铅油（外面）→打磨、施涂铅油（内面）→打磨、施涂面漆（外面）→打磨、施涂面漆（内面）。若为浅色，施涂面漆前应先施涂一遍填光油。

分色木门窗的工艺顺序和操作要点与前述门窗施涂基本相同，只是施涂铅油时，应合理安排内、外面的施涂顺序。

（2）选用铅油的颜色要与面漆的颜色相配，当两色相差较大时，不能将同一色泽的铅油与不同颜色的面漆相配用；若两色相近，为了提高工效可用同种颜色的铅油进行两面施涂。

（3）正确的分色门窗施涂顺序是：先施涂颜色较深一面的铅油，并将分色线处理在窗扇、门扇的侧面阴阳角处及窗框、门框的中央，注意不要越过分色线；然后再施涂颜色浅一面的铅油，同样不要越过已施涂过的分界线。两遍铅油之间应留下足够的干燥时间，待前道涂膜干燥后方可进行下一道工艺，以免在分界线处产生混色现象。为了分色线的清晰、整洁，应本着先难后易的原则将分色线首先刷出，若有越界余漆要及时用纱布蘸松香水擦干净。在面漆的施涂中也应如此，这样就能够达到分色线的整齐美观。

先深后浅的操作方法也要根据实际情况灵活地采用。若主要面为深色，应采取先浅后深的方法。因此先后是根据最后一遍面漆的位置而定，在分界处由于越界余漆揩擦不净造成倒光，分色不清及混色的现象尽量不把它暴露在主要的一面。

（4）操作注意事项。

分色漆中各类颜色的底、中、面漆应相配套，不得混淆；使用的油漆刷应按不同色泽分开，避免混色；各工艺之间应安排足够的干燥时间，以免产生混色现象；分色线要平直、清晰，做到头角方正、横平竖直。

3.硝基清漆理平见光及磨退施涂工艺

硝基清漆俗称蜡克,是以硝化棉为主要成膜物质的一种挥发性涂料。硝基清漆的漆膜坚硬耐磨,易抛光打蜡,使漆膜显得丰满、平整、光滑。硝基清漆的干燥速度快,施工时涂层不易被灰尘污染,有利于表面质量。

硝基清漆理平见光工艺是一种透明涂饰工艺,用它来涂饰木面,不仅能保留木材原有的特征,而且能使它的纹理更加清晰、美观。

(1)施工工序。

基层处理→刷第一遍虫胶清漆→嵌补虫胶腻子→润粉→刷第二遍虫胶清漆→刷水色→刷第三遍虫胶清漆→拼色修色→刷、揩硝基清漆→用水砂纸湿磨→抛光。

(2)基层处理。

①清理基层。将木面上的灰尘掸去,刮掉墨线、铅笔线及残留胶液,一般的残留之物可用玻璃轻轻刮掉。白坯表面的油污可用布团蘸肥皂水或碱水擦洗,然后用清水洗净碱液。经过上述处理后,用1号或1½号砂纸干磨木面。打磨时,可将砂纸包着木块,顺木纹方向依次全磨。

②脱色。有些木材遇到水及其他物质会变颜色;有的木面上有色斑,造成物面上颜色不均,影响美观,需要在涂刷油漆前用脱色剂对材料进行局部脱色处理,使物面上颜色均匀一致。

使用脱色剂,只需将剂液刷到需要脱色原木材表面,经过20~30min后木材就会变白,然后用清水将脱色剂洗净即可。常用的脱色剂为过氧化氢(双氧水)与氨水的混合液,其配合比(质量比)为:过氧化氢(双氧水)(30%浓度):氨水(25%浓度）：水＝1：0.2：1。

一般情况下木材不进行脱色处理，只有当涂饰高级透明油漆时才需要对木材进行局部脱色处理。

③除木毛。木材经过精刨及砂纸打磨后，已获得一定的光洁度，但有些木材经过打磨后会有一些细小的木纤维（木毛）松起，这些木毛一旦吸收水分或其他溶液，就会膨胀竖起，使木材表面变得粗糙，影响下一步着色和染色的均匀程度。对较高级的木装修或木家具油漆，白坯上的木毛应尽量去除干净。

去除木毛可用湿法或火燎法。湿法是用干净毛巾或纱布蘸温水揩擦白坯表面，管孔中的木毛吸水膨胀竖起，待干后通过打磨将其磨除；火燎法可用喷灯或用排笔在白坯面上刷一道酒精，随即用火点着，木毛经火燎变得脆硬，便于打磨。用火燎法时切记加强防范，以免事故发生。

（3）刷第一遍虫胶清漆。

木面经过除木毛处理后，大部分木毛被除去，但往往会有少量木毛被压嵌在管孔中而不能除尽，需要进一步采取措施。在白坯面上刷头道虫胶清漆，漆中酒精快速蒸发后在面上干燥成膜，残余的木毛随着虫胶液的干燥而竖起，变硬变脆，这就为用砂纸打磨清除余木毛创造了有利条件。刷头道虫胶清漆的另一个重要作用是封闭底面。白坯表面有了这层封闭的漆膜，可降低木材吸收水分的能力，减少纹理表面保留的填孔料，为下道工序打好基础。

头道虫胶清漆的浓度可稀些，一般为1：5。选用的虫胶清漆要顾及饰面对颜色的要求，浅色饰面可用白虫胶清漆。刷虫胶清漆要用柔软的排笔，顺着木纹刷，不要横刷，不要来回多理（刷），以免产生接头印。刷虫胶清漆要做到不漏、不挂、不过楞、无泡眼，注意随手做好清洁工作。

待干燥后用 0 号木砂纸或已用过一次的旧砂纸,在刷过头道虫胶清漆的物面上顺木纹细心地全磨一遍,磨到即可,切勿将漆膜磨穿,以免影响质量。

(4)嵌补虫胶腻子。

将木材表面的虫眼、钉眼、缝隙等缺陷用调配成与木基同色的虫胶腻子嵌补。考虑到腻子干后会收缩,嵌补时要求填嵌丰满、结实,要略高于物面,否则一经打磨将成凹状。嵌补的面要尽量小,注意不要嵌成半实眼,更不要漏嵌。

待腻子干燥后用旧木砂纸将嵌补的腻子打磨平整光滑,掸净尘土。

(5)润粉。

润粉是为了填平管孔和物面着色。通过润粉这道工序,可以使木面平整,也可调节木面颜色的差异,使饰面的颜色符合指定的色泽。

润粉所用的材料有水老粉和油老粉两种。水老粉由老粉、水、颜料稍加胶水配合而成。油老粉由松香水、老粉、光油、颜料等配制而成,对木材的保护作用比水老粉好。

润粉要准备两团细软竹丝或洁净白色的精棉纱(不能用油回丝),一团蘸润粉,一团最后揩净用。揩擦时可作圆周运动。将粉充分填入管孔内,趁粉尚未干燥前用干净的竹丝将多余的粉揩去,否则一旦粉干,再揩就容易将管孔内的粉质揩掉,同时影响饰面色泽的均匀度。揩擦要做到用力大小一致,将粉揩擦均匀。当揩擦线条多的部位时,除将表面揩清外,要用铲刀将凹处的积粉剔除。润粉层干透后,用旧砂纸细细打磨,磨去物面上少许未揩净的余粉,掸扫干净。

(6)刷第二遍虫胶清漆。

第二遍虫胶清漆的浓度为 1:4。刷漆时要顺着木纹方向由上至下、由左至右、由里到外依次往复涂刷均匀,不出现漏刷、流挂、过楞、泡痕,榫眼垂直相交处不能有明显刷痕,不能留下刷毛。漆膜干后要用旧砂纸轻轻打磨一遍,注意棱角及线条处不能砂白。

(7)刷水色。

所谓刷水色,是把按照样板色泽配制好的染料刷到虫胶漆涂层上。

大面积刷水色时,先用排笔或漆刷将水色涂满到物面上,然后漆刷横理,再顺木纹方向轻轻收刷均匀,不许有刷痕,不准有流挂、过楞现象。小面积及转角处刷水色时,可用精回丝揩擦均匀。当上色过程中出现颜色分布不均或刷不上色时(即"发笑"),可将漆刷在肥皂上来回摩擦几下,再蘸水色涂刷,即可消除"发笑"现象。

刷过水色的物面要注意防止水或其他溶液的溅污,也不能用湿手(或汗手)触摸,以免破坏染色层,造成不必要的返工。

(8)刷第三遍虫胶清漆。

与刷第二遍虫胶清漆的方法相同。

(9)拼色、修色。

经过润粉和刷水色,物面上会出现局部颜色不均匀的现象。其原因:一方面是由于木材本身的色泽可能有差异,另一方面是涂刷技术欠佳也会造成色差。色差需要调整,修整色差这道工序称为拼色。

拼色时,先要调配好含有着色颜料和染料的酒色,用小排笔或毛笔对色差部位仔细地修色。拼色需要有较高的技巧,只有经过较长时间的经验积累,才能熟练掌握拼色技术。修色时用力要轻,结合处要自然。对一些钉眼缺陷等腻子疤色差的用小毛笔修补一致,使整个物面成色统一。

拼色后的物面待干燥后同样要用砂皮细磨一遍,将黏附在漆膜上的尘粒和笔毛磨去。注意打磨要轻,不要损坏漆膜。

(10)刷涂硝基清漆。

在打磨光洁的漆膜上用排笔涂刷两遍或两遍以上硝基清漆。刷漆用的排笔不能脱毛,操作方法与刷虫胶清漆相同。注意硝基清漆挥发性极快,如发现有漏刷,不要忙着去补,可在刷下一道漆时补刷。垂直涂刷时,排笔蘸漆要适量,以免产生流挂,对脱毛要及时清除,刷下一道漆应待上道漆干燥后方可进行。

(11)揩涂硝基清漆。

为了使硝基清漆漆膜平整光滑,光用涂刷是不够的,还需要在涂刷后进行几次的揩涂。揩涂使用的工具是棉花团,它是用普通棉花或尼龙丝裹上细布或纱布而成。用普通棉花做成的棉花团的弹性不如尼龙丝做的棉花团弹性好。尼龙丝做的棉花团不易粘结变硬,揩涂质量好,能长期使用。

棉花团做法简单,只要裁一块 25cm 见方的白纱布或白细布,中间放一团旧尼龙丝(要干净,不能含有杂物),将布角折叠,提起拧紧即成。一个棉花团只能蘸一种涂料,棉花团使用后要放到密封器中,保持干净,不要干结,以利再用。

①用棉花团揩涂硝基漆。其形式有圈涂、横涂、理涂三种。

a.圈涂。用棉花团蘸漆在饰面上作圆周形或椭圆形运动,移动方式有顺时针和逆时针两种,一般以逆时针为多。作逆时针移动时,大拇指推按棉花团,中指和食指拉压棉花团。圈涂适用于顺木纹方向,也可用于垂直木纹方向。

b.横涂。用棉花团蘸漆在饰面上作与木纹垂直或倾斜的运动,其移动方式有 8 字形和蛇形两种。不管采用什么方式,都要注意互相之间的交错重叠,以利于漆液的均匀涂布与压实。横涂能增厚涂层,消除圈涂痕迹,使饰面更加平整。

c.理涂。理涂也称直涂,即用棉花团蘸漆顺着木纹作直线运动,用以消除圈涂和横涂的痕迹,使涂层平整、坚实、光滑。理涂一般用在每遍揩涂的末尾。在理涂中对饰面的四角及邻近边缘,尤其是带有凹凸线形角的饰面容易出现空档,所以在理涂中要随时注意这些部位。

②揩涂硝基漆时应注意以下几点:

a.每次揩涂不允许原地多次往复,以免损坏下面未干透的漆膜,造成咬起底层。

b.移动棉花球团切忌中途停顿,否则会溶解下面的漆膜。

c.用力要一致,手腕要灵活,站位要适当。

当揩涂最后一遍时,应适当减少圈涂和横涂的次数,增加直涂的次数,棉花球团蘸漆量也要少些。最后4～5次揩涂所用的棉花球团要改用细布包裹,此时的硝基漆要调得稀些,而揩涂时的压力要大而均匀,要理平、拔直,直到漆膜光亮丰满,理平见光工艺至此结束。

为保证硝基漆的施工质量,操作场地必须保持清洁,并尽量避免在潮湿天气或寒冷天施工,防止泛白。

(12)用水砂纸湿磨。

为了提高漆膜的平整度、光洁度,先用水砂纸湿磨,然后再抛光,使漆膜具有镜面般的光泽。

物面在经过数次干砂纸打磨后,虽已十分平整光滑,但由于漆膜干燥后会有收缩,涂料在涂敷过程中有可能不够均匀,以及涂漆过程中落尘埃等原因,因此要用水砂纸湿磨来提高漆膜的平整度和光洁度。

湿磨时可加少量肥皂水砂磨,因肥皂水润滑性好,能减少漆尘的黏附,保持砂纸的锋利,效果也比较好。

手工进行水砂纸打磨的操作方法与白坯相仿。经过水砂纸打磨后的漆膜表面应是平整光滑,显文光,无砂痕。

(13)抛光漆膜。

经过水砂纸湿磨后,会使漆面现出文光,必须经过抛光这道工序,才能达到光亮。手工抛光一般分三个步骤。

①擦砂蜡。用精回丝蘸砂蜡,顺木纹方向来回擦拭,直到表面显出光泽。要注意不能在一个局部地方擦拭时间过长,以免因摩擦产生过高热量将漆膜软化受损。

②擦煤油。当漆膜表面擦出光泽时,用回丝将残留的砂蜡揩净,再用另一团回丝蘸上少许煤油顺相同方向反复揩擦,直至透亮,最后用干净精回丝揩净。

③抹上光蜡。用清洁精回丝涂抹上光蜡,随即用清洁精回丝揩擦,此时漆膜会变得光亮如镜。

4.各色聚氨酯磁漆刷亮与磨退工艺

各色聚氨酯磁漆,又称聚氨酯彩色涂料,属于聚氨基甲酸酯漆类。该涂料的涂膜具有色彩品种多、坚硬光亮、附着力强、耐水、防潮、防霉、耐油、耐酸碱等特点,可用于室内木装饰和家具的装饰保护性涂层。各色聚氨酯磁漆施涂后,不显露木纹,所以对木基层的要求也较低。

(1)施工工序。

基层处理→施涂底油→嵌批石膏油腻子两遍及打磨→施涂第一遍聚氨酯磁漆及打磨→复补聚氨酯磁漆腻子及打磨→施涂第二、第三遍聚氨酯磁漆→打磨→施涂第四遍聚氨酯磁漆(刷亮工艺罩面漆)→磨光→施涂第五、第六遍聚氨酯磁漆(磨退工艺罩面漆)→磨退→抛光→打蜡。

(2)基层处理。

对于新的木门窗,首先要用油灰刀将粘在上面的水泥、砂浆、胶液等脏物清除干净,然后用 1½ 号砂纸打磨门窗的表面;留在门窗上的外露铁钉应拔去或将钉帽钉入基层物面不少于 1mm。

(3)施涂底油。

基层处理后,可用醇酸清漆∶松香水＝1∶2.5涂刷底油一遍。该底油较稀薄,故能渗透进木材内部,起到防止木材受潮变形,增强防腐作用,并使后道的嵌批腻子及施涂聚氨酯磁漆能很好地与底层粘结。施涂底油是涂料施涂中最普通和简单的一道操作工序,施涂时,往往容易疏忽大意产生漏刷、流淌等,因此,必须引起重视。

(4)嵌批腻子及打磨。

待底油干透后嵌批石膏油腻子两遍。石膏油腻子干透后,应用 1 号或 1½ 号木砂纸打磨,将木面打磨平整,揩抹干净。

(5)施涂第一遍聚氨酯磁漆及打磨。

各色聚氨酯磁漆由双组分即甲、乙组分组成,使用前必须将两组分按比例调配,混合后必须充分搅拌均匀,其配方应仔细阅读说明书,调配时应注意用多少配多少,否则,用不完会固化而造成浪费。施涂工具可用油漆刷或羊毛排笔。施涂时先上后下,先左后右,先难后易,先外后里(窗),要涂刷均匀,无漏刷和流挂等。

待第一遍聚氨酯磁漆干燥后,用 1 号木砂纸轻轻打磨,以磨掉颗粒,使不伤漆膜为宜。

(6)复补聚氨酯磁漆腻子及打磨。

表面如还有洞缝等细小缺陷就要用聚氨酯磁漆腻子复补平整,干透后用 1 号木砂纸打磨平整,并揩抹干净。

(7)施涂第二、第三遍聚氨酯磁漆。

施涂第二、第三遍聚氨酯磁漆的操作方法同前。待第二遍磁漆干燥后也要用 1 号木砂纸轻轻打磨并揸干净后,再施涂第三遍聚氨酯磁漆。

(8)打磨。

待第三遍聚氨酯磁漆干燥后,要用 280 号水砂纸将涂膜表面的细小颗粒和油漆刷毛等打磨平整、光滑,并揸抹干净。

(9)施涂第四遍聚氨酯磁漆。

施涂物面要求洁净,不能有灰尘,排笔和盛漆容器要干净。施涂第四遍聚氨酯磁漆的方法与上几遍基本相同,施涂要求达到无漏刷、无流坠、无刷纹、无气泡。

各色聚氨酯磁漆刷亮,整个操作工艺到此就完成。如果是各色聚氨酯磁漆磨退工艺,还要增加以下工序。

(10)磨光。

待第四遍聚氨酯磁漆干透后,用 280～320 号水砂纸打磨平整,打磨时用力要均匀,要求把大约 80% 的光磨倒,打磨后揸净浆水。

(11)施涂第五、第六遍聚氨酯磁漆。

涂刷第五、第六遍聚氨酯磁漆磨退工艺的最后两遍罩面漆,其涂刷操作方法同上。同时,也要求第六遍面漆是在第五遍漆的涂膜还没有完全干燥透的情况下接连涂刷,以利于涂膜丰满平整,在磨退中不易被磨穿和磨透。

(12)磨退。

待罩面漆干透后用 400～500 号水砂纸蘸肥皂水打磨,要求用力均匀,达到平整、光滑、细腻,把涂膜表面的光泽全部磨倒,并揸抹干净。

(13)打蜡、抛光。

其操作方法与前述的打蜡、抛光方法相同。

(14)施工注意事项。

①使用各色聚氨酯磁漆时,必须按规定的配合比来调配,并应注意在不同的施工操作或环境气候条件下,适当调整甲、乙组分的用量。调配时,甲、乙组分混合后,应充分搅拌均匀,需要静置15～20min,待小泡消失后才能使用。同时要正确估算用量,避免浪费。

②涂刷要均匀,宜薄不宜厚,每次施涂、打磨后,都要清理干净,并用湿抹布揩抹干净,待水渍干后才能进行下道工序操作。

③施工时湿度不能太大,否则易产生泛白失光。

5. 金属面色漆施涂工艺

在建筑工程中,金属面色漆的刷涂一般指钢门窗、钢屋架、铁栏杆及镀锌铁皮制件等。在金属面刷涂色漆主要是预防腐蚀,还有一定的装饰作用。涂饰金属面的施涂方法与涂饰其他基层面大致相同。

金属表面施涂色漆的主要工序见表2-5。

表2-5　　　　　　　　金属表面施涂色漆的主要工序

序号	工序名称	普通油漆	中级油漆	高级油漆
1	除锈、清扫、磨砂纸	+	+	+
2	刷涂防锈漆	+	+	+
3	局部刮腻子	+	+	+
4	打磨	+	+	+
5	第一遍刮腻子		+	+
6	打磨		+	+
7	第二遍刮腻子			+

续表

序号	工序名称	普通油漆	中级油漆	高级油漆
8	打磨			+
9	第一遍刷漆	+	+	+
10	复补腻子			+
11	打磨			+
12	第二遍刷漆	+	+	+
13	打磨		+	+
14	湿布擦净			+
15	第三遍刷漆		+	+
16	打磨(用水砂纸)			+
17	湿布擦净			+
18	第四遍刷漆			+

注:1."＋"号表示必要的工序。

2.薄钢板屋面、檐沟、水落管、泛水等施涂油漆,可不刮腻子。施涂防锈漆不得少于两遍。

3.高级油漆磨退时,应用醇酸树脂漆施涂,并根据涂膜厚度增加1～3遍涂刷和磨退、打砂蜡、打油蜡、擦亮的工序。

4.金属构件和半成品安装前,应检查防锈漆有无损坏,损坏处应补刷。

(1)钢门窗施涂。

钢门窗普通级、中级色漆施涂工艺见表2-6。钢屋架刷涂施工工艺与表2-6大致相同。

表 2-6 　　　　　　　　钢门窗色漆涂饰工艺

序号	工序名称	材料	操作工艺
1	处理基层	—	清除表面锈蚀、灰尘、油污、灰浆等污物,有条件亦采用喷砂法

续表

序号	工序名称	材料	操作工艺
2	施涂防锈漆	防锈漆	施涂工具的选用视物面大小而定。掌握适当的刷涂厚度,涂层厚度应一致
3	嵌批腻子	石膏粉∶熟桐油＝4∶1或醇酸腻子∶底漆∶水＝10∶7∶45	将砂眼、凹坑、缺棱、拼缝等处嵌补平整,腻子稠度适宜
4	打磨	1号砂纸	腻子干透后进行打磨,然后用湿布将浮粉擦净
5	满批腻子	材料同工序3	要刮得薄而均匀,腻子要收干净,平整无飞刺
6	打磨	1号砂纸	腻子干后打磨,注意保护棱角,表面光滑平整、线角平直
7	刷第一遍油漆	铅油或醇酸无光调和漆	操作方法与用色漆施涂木门窗同
8	复补腻子	材料同工序3	对仍有缺陷处批平
9	打磨	1号砂纸	同工序4
10	装玻璃	—	—
11	刷第二遍油	铅油	同工序7
12	清洁玻璃打磨	1号砂纸或旧砂纸	将玻璃内外擦净,不要将漆膜磨穿
13	刷最后一道漆	调和漆	多刷、多理、涂刷均匀。涂刷油灰部位时应盖过油灰1～2mm以利于封闭,涂刷完毕后应将门窗固定好

注:普通级油漆工程少刷一遍漆,不满批腻子。

①刷涂防锈漆保持适量的厚度。红丹防锈漆取 $0.15\sim0.23$mm,铁红防锈漆取 $0.05\sim0.15$mm。

②防锈漆干后(约24h),用石膏油腻子嵌补拼接不平处。嵌补面积较大时,可在腻子中加入适量厚漆或红丹粉,提高腻子

的干硬性。

③为使金属面油漆有较好的附着力,宜在防锈漆上涂刷一层薄的磷化底漆。

a.磷化底漆配制比例:底漆:磷化液＝4:1(磷化液用量不能增减),混合均匀。

b.磷化液配比:工业磷酸:氧化锌:丁醇:酒精:水＝70:5:5:10:10。

(2)镀锌铁皮面施涂。

①工序及施涂工艺。

镀锌铁皮面施涂色漆工艺见表2-7。

表2-7　　　　　　　　　镀锌铁皮面施涂色漆工艺

序号	工序名称	材料	操作工艺
1	处理基层	—	用抹布纱头蘸汽油擦去油污 用3号铁砂布打磨,用重力,均匀地把表面磨毛、磨粗
2	刷磷化底漆一遍		宜用油漆刷涂刷,涂膜宜薄,均匀,不漏刷
3	刷锌黄醇酸底漆一遍		同工序2
4	嵌批腻子	石膏粉:熟桐油＝4:1(适量掺入锌黄醇底漆)	操作方法与钢门窗嵌批腻子相同
5	打磨	1号砂纸	用力均匀,不易过大,要磨全磨到,复补刮腻子在打磨后进行
6	刷涂面漆	铝灰醇酸磁漆	深色应涂两遍,浅色刷涂三遍,涂膜厚度均匀,颜色一致

②操作注意事项。

a.调配好的磷化底漆,需存放30min经化学反应后才能使用,否则达不到质量标准。

b.刷涂磷化底漆,天气要干燥。潮湿天气刷涂,涂膜发白,附着力差。

🌙 6. 喷漆施工工艺

喷漆施工工艺的特点是涂膜光滑平整,厚薄均匀一致,装饰性极好,在质量上是任何施涂方法所不能比拟的。同时它适用于不同的基层和各种形状的物面,对于被涂物面的凹凸、曲折倾斜、洞缝等复杂结构,都能喷涂均匀。特别是对大面积或大批量施涂,喷漆可以大大提高工效。

但喷漆也有不足之处,需要操作人员采取对策来弥补。喷涂时材料随气流扩散而浪费一部分;一次不能喷得过厚,而需要多次喷涂;溶剂随气流飘散,造成环境污染。

(1)施工工序。

基层处理→喷涂第一遍底漆→嵌批第一、第二遍腻子及打磨喷涂第二遍底漆→嵌批第三遍腻子及打磨→喷涂第三遍底漆及打磨→喷涂两遍至三遍面漆及打磨→擦砂蜡→上光蜡。

(2)基层处理。

喷漆的基层处理和涂料施涂工艺的基层处理方法相同,但喷漆涂层较薄,因而要求更严格。

(3)喷涂第一遍底漆。

喷漆用的底漆种类很多,有锌黄酚醛底漆、灰色酯胶底漆、硝基底漆、铁红醇酸底漆等多种。其中醇酸底漆具有较好的附着力和防锈能力,而且与硝基清漆的结合性能也比较好;对稀释剂的要求不高,一般的松香水、松节油都可用;不论施涂或喷涂都可使用,而且在一般常温下经12～24h干燥,故宜优先选用。

喷漆用的底漆都要稀释。在没有黏度计测定的情况下,可根据漆的重量掺入100%的稀释剂,以使漆能顺利喷出为准,但不能过稀或过稠,因为过稀会产生流坠现象,而过稠则易堵塞喷枪嘴。不同喷漆所用的稀释剂不同,醇酸底漆可用松香水等稀释,而硝基纤维喷漆要用香蕉水稀释。掺稀调匀后要用 120 目铜丝箩或 200 目细绢箩过滤,除去颗粒或颜料细粒等杂物,以免在喷涂时阻塞喷嘴孔道,或造成涂层粗糙不平,影响涂膜的平整和光亮度,还浪费人工或材料,影响下道工序的顺利进行。

喷漆时喷枪嘴与物面的距离应控制在 250～300mm 之间,一般喷头遍漆时要近些,以后每道要略为远些。气压应保持在 0.3～0.4MPa 之间,喷头遍后逐渐减低;如用大喷枪,气压应为 0.45～0.65MPa。操作时,喷出漆雾方向应垂直物体表面,每次喷涂应在前已喷过的涂膜边缘上重叠喷涂,以免漏喷或结疤。

(4)嵌批第一、第二遍腻子及打磨。

喷漆用的腻子是由石膏粉、白厚漆、熟桐油、松香水等组成,其配合比为 3∶1.5∶1∶0.6,调配时要加适量的水和液体催干剂。水的加入量应根据施工环境气温的高低、石膏材料的膨胀性、嵌批腻子的对象和操作方法等条件来决定。如空气干燥、温度高时可多加;环境潮湿或气温较低时少加,总之必须满足可塑性良好、干燥后干硬度较好的要求。而使用催干剂必须按季节、天气和气温来调节,一般用量不得超过桐油和厚漆重量的 2.5%。

配制腻子时,应随用随配,不能一次配得太多,以免多余的腻子因迅速干燥而浪费掉。嵌批腻子时,平面处可采用牛角翘或油灰刀,曲面或楞角处则采用橡皮批板嵌批。喷漆工艺的腻子不能来回多刮,多刮会把腻子内的油挤出,把腻子面封住,使腻子内部不易干硬。

第一遍腻子嵌批时,不要收刮平整,应呈粗糙颗粒状,这样可以加快腻子内水分和油分的蒸发,容易干硬。第一遍腻子干透后,先用油灰刀刮去表面不平处和腻子残痕,再用砂纸打磨平整并掸扫干净。接着批第二遍腻子,这遍腻子要调配得比第一遍稀些,以使嵌批后表面容易平整。干后再用砂纸打磨并掸扫干净。嵌批腻子时底漆和上道腻子必须充分干燥,因腻子刮在不干燥的底漆或腻子上,容易引起龟裂和气泡。当底漆因光度太大,而影响腻子附着力时,可用砂纸磨去漆面光度。如果嵌批时间过长,或天热气温高,腻子表面容易结皮,那么,可用布或纸在水中浸湿盖住腻子。

(5)喷涂第二遍底漆。

第二遍底漆要调配得稀一些,以增加后道腻子的结合能力。

(6)嵌批第三遍腻子及打磨。

待第二遍底漆干后,如发现还有细小洞眼,则须用腻子补嵌。腻子也要配得稀一些,以便补嵌平整。腻子干后用水砂纸打磨平整,清洗干净。

(7)喷涂第三遍底漆及打磨。

喷涂操作要点同前,干后用水砂纸打磨,再用湿布将物面擦净揩干。

(8)喷涂两遍至三遍面漆及打磨。

每一遍喷漆包括横喷、直喷各一遍。喷漆在使用时同底漆一样,也要稀释,第一遍喷漆黏度要小些,以使涂层干燥得快,不易使底漆或腻子粘起来,第二、第三遍喷漆黏度可大些,以使涂层显得丰满。每一遍喷漆干燥后,都要用 320 号木砂纸打磨平整并清洗干净。最后还要用400~500号水砂纸打磨,使漆面光滑平整无挡手感,然后擦砂蜡。

(9)擦砂蜡。

在砂蜡内加入少量煤油,调配成浆糊,再用干净的棉纱和纱布蘸蜡往漆面上用力摩擦,直到表面光亮一致无极光。然后用干净棉纱将残余砂蜡收揩干净。

（10）上光蜡。

用棉纱头将光蜡敷于物面，并要求全敷到，然后用绒布擦拭，直到出现闪光为止。此时整个物面色泽鲜美、精光锃亮。

（11）操作注意事项。

①被喷漆物件上的电镀品、玻璃、五金等不需喷漆部位，可用凡士林、黄油涂盖，或用纸贴盖，如不小心将喷漆涂上要马上揩擦干净。此外凡士林、黄油也不能粘到需要喷漆的地方，否则会使涂膜黏结不牢而脱落，影响质量和美观。

②腻子面和喷漆面一定要保持清洁，不得沾上油污，或用油手抚摸，以免涂膜脱落。

③潮湿环境下喷漆容易发白，此时可在喷漆内加防潮剂来避免，但用量不得过大，一般是涂料内稀释剂的 $5\%\sim15\%$。如喷漆的物面已有发白现象，则可用稀释剂加防潮剂薄喷一遍，即可消除发白现象。

④喷漆用的气泵要有触电保护器，压力表要经过计量检定合格并在有效期内。

7. 各色丙烯酸有光凹凸乳胶漆厚薄施涂工艺

各色丙烯酸有光凹凸乳胶漆是以有机高分子材料——苯乙烯、丙烯酸酯乳液为主要成膜物质，加上不同的颜料、填料和骨料而制成的薄涂料和厚涂料。它由两部分组成，一是丙烯酸凹凸乳胶底漆，它是厚涂料；二是各色丙烯酸有光乳胶漆，它是薄涂料。丙烯酸凹凸乳胶底漆通过喷涂，再经过抹、轧后可得到各种各样的凹凸形状，再喷上 1～2 道各色有光乳胶漆；也可以先在底层上喷一道各色丙烯酸有光乳胶漆，待其干后再喷涂丙烯酸凹凸乳胶底漆，经过抹、轧显出图案，待干后罩上一层苯丙乳液。

（1）材料。

丙烯酸乳液，呈奶白色黏稠状；凹凸乳胶底漆，呈本白色无光稠厚糊状；各色丙烯酸有光乳胶漆，是由苯丙烯乳液加上颜料、填料和各种助剂，经过高度分散而成的一种水性涂料。需要某种颜色时再用色浆调配。

（2）工具。

空气压缩机，喷枪，2mm、4mm、8mm口径的喷头，抹子等。

（3）基层处理。

一般要求为水泥砂浆或混合砂浆、混凝土预制板、水泥石棉板等，处理合乎要求。含水率10%以下，pH值在7～10之间。这可由墙面粉刷后龄期来掌握，新的水泥砂浆墙面，夏季静置3～7d；新的混凝土墙面，冬季则需置10～15d，夏季需置7d。

（4）喷涂凹凸乳胶底漆。

采用6～8mm喷头，喷涂压力0.4～0.8MPa。喷涂后停4～5min[温度（25±1）℃，相对湿度65%±5%的条件下]由一人用蘸水的铁抹子在喷涂表面轻轻抹压，并始终沿上下方向进行，使饰面呈现立体图案。

（5）面层喷涂各色丙烯酸有光乳胶漆。

在喷完凹凸乳胶底漆后，间隔8h，用1号喷枪喷涂，压力为0.3～0.5MPa。一般喷涂两道为宜，待第一道漆膜干后再喷第二道。

（6）分格缝处理。

基层原有分格条时，揭下后，再根据设计重新描涂。

（7）施工注意事项。

①涂料应放在干燥通风的库房内，贮存温度应在0℃以上。若漆冻结，可在暖和处缓缓恢复。

②使用前要充分搅拌均匀，喷涂黏度可根据气温和施工要

求适当加水稀释予以调整,勿与有机溶剂相混。

③施工时基层温度应在 5℃以上。

④要待头道漆膜干后,才能再喷刷第二道涂料。

⑤喷涂凹凸乳胶底漆时,可根据其稠度适当调节喷涂压力。先喷样板,根据效果确定图案和喷涂工艺。

⑥大风或下雨时,不宜施工。

8.传统油漆施涂工艺

传统油漆涂饰是指大漆涂饰。大漆即天然漆,是漆树树脂经过净化除去杂质后成为生漆,但生漆的粘结力和光泽较差,经加工处理成精制漆。根据精制漆的配方和生产工艺的不同又分为退光漆(推光漆)、广漆、揩漆、漆酚树脂等。其中广漆的施涂方法最多,适用施涂的范围也很广。

(1)油色底广漆面施涂工艺要点。

油底广漆俗称操油广漆,它是一种简单易行的操作方法,一般适用于杂木家具、木门窗、杉木地板等涂饰。其工序为:基层处理→刷油色→嵌批腻子→刷豆腐底色→上理光漆。

①白木处理。按常规处理进行,即基层清理洁净、打磨光滑。

②刷油色。油色是由熟桐油(光油)与 200 号溶剂汽油以 1:1.5加色配成。在没有光油的情况下,可用油基清漆或酚醛清漆与 200 号溶剂汽油以 1:0.5 加色配成。加色一般采用油溶性染料、各色厚漆或氧化铁系颜料,调成后用 80～100 目铜筛过滤即可涂刷。将整个木面均匀地染色一遍,要求顺木纹理通拔直,着色均匀。

③嵌批腻子。首先调拌稠硬油腻子,将大洞、缝等缺陷处先行填嵌,干燥后略磨一下,再用稀稠适中的腻子满批刮一遍。对

于鬃眼较粗的木材要批刮两遍,力求表面平整,待腻子干燥后,用 1 号木砂纸打磨光滑。除尘后,如表面不够光滑、平整可再满批腻子一遍。干后再用 1 号木砂纸砂磨、除尘。批嵌腻子时要收拾干净,不留残余腻子,否则难以砂磨干净,也不得漏批漏刮。

④刷豆腐底色。用鲜嫩豆腐加适量染料和少量生猪血经调配制成。配色可用酸性染料,如酸性大红、酸性橙等用开水溶解后再用豆腐、生猪血一起搅拌,用 80～100 目筛子过滤,使豆腐、染料、血料充分分散混合成均匀的色浆,用漆刷进行刷涂。色浆太稠可掺加适量清水稀释,刷涂必须均匀,顺木纹理通拔直不漏、不挂。色浆干燥后,用 0 号旧木砂纸轻轻磨去色层颗粒,但不得磨穿、磨白。刷豆腐底色的目的,主要是对木基层染色,保证上漆后色泽一致。

⑤上理光漆。上漆方法有两种:涂刷体量小用牛尾漆刷,涂刷体量大用蚕丝团。但一般多用牛尾漆刷,牛尾漆刷是用牛尾毛制成的,俗称"国漆刷"。

a. 国漆刷是刷涂大漆的专用工具,其规格大小有 1～4 指宽(即 25～100mm),形状有平的、斜的等多种,漆刷的毛长 5～7mm。上漆时,用漆刷蘸漆涂布于物面,大平面可用牛角翘将漆披于物面,接着纵、横、竖、斜交叉各刷一遍,这样反复多次,目的是将漆液推刷均匀。涂刷感到发黏费力时,说明漆液开始成膜,这时可用毛头平整细软的理漆刷顺木纹方向理通理顺,使整个漆面均匀光亮。

b. 蚕丝团是用蚕丝捏成丝团,蘸漆于物面向纵横方向不断地往返揩搓滚动,使物面受漆均匀,然后再用漆刷进行理顺。用丝团的上漆方法,一般两人合作进行,一人在前面上漆,另一人在后面理漆,这样既能保证质量,又能提高工效。对于木地板上漆要多人密切配合。地板上漆应从房间内角开始,逐渐退向门口,中途不可停顿,要一气呵成。地板上漆后,漆膜要彻底干固(一般在 2～3 个月左右)才能使用。

用蚕丝团上漆是传统工艺,不论面积大小的物体均可适用,而且上漆均匀,工效高。但要注意的是:将丝团吸饱漆液后应挤去多余部分。在操作时,丝团内的漆液要始终保持湿润、柔软,否则丝团容易变硬,变硬后就不易蘸漆和上漆,且丝头还会粘结于物面,影响质量。

(2)豆腐底两道广漆面施涂工艺要点。

此工艺比油色底广漆面施涂的质量要好,这种做法适用于涂饰于木器家具,深受人们喜爱,使用更为广泛。

豆腐底两道广漆面施涂工序:木器白坯处理→白木染色→嵌批腻子→刷两道色浆→上头道广漆→水磨→上第二道广漆(罩光)。

①白坯处理。对表面的木刺、油污、胶迹、墨线等清除干净,用 $1\frac{1}{2}$ 号木砂纸砂磨平整光滑。

②白木染色。通过处理后的物件,进行一次着木染色,材料用嫩豆腐和生血料加色配成。加色颜料根据色泽而定,如做金黄色可用酸性金黄,红色可用酸性大红,做红木色可用酸性品红等,做铁红色可用氧化铁红等。这些染料和颜料可用水溶解后加入嫩豆腐和血料内调配成稀糊状的豆腐色浆(具体调配可参照上述广漆工艺),用漆刷或排笔在处理好的白坯表面均匀地满涂一遍,顺木纹理通拔直。

③批嵌腻子。腻子用广漆或生漆和石膏粉加适量水调拌而成(做红木色用生漆调拌)。其配比用广漆或生漆:石膏粉:水＝1:(0.8～1):0.5。腻子的嵌、批操作可参见第二节相关做法。

④刷第二道豆腐底色浆。这道色浆目的是统一色泽,使批嵌的腻子疤不明显。等色层干燥后,用旧 1 号木砂纸轻磨,去颜

料颗粒杂质,达到光滑为度,然后抹去灰尘。

⑤上头道广漆。上漆必须厚薄均匀(涂布方法与广漆工艺相同)。头道漆干燥后,用 400 号水砂纸蘸肥皂水轻磨,将漆膜表面颗粒等杂质磨去,边沿、楞角等不得磨穿,如磨穿要及时补色,达到表面平滑,然后过水,用抹布揩净干燥。

⑥上第二道广漆。第二道漆称罩光漆,是整个工艺中最重要的一道工序,涂刷要求十分严格。涂刷时比头道漆略松些(厚些),选用的漆刷毛长而细,但必须刷涂均匀,不过楞、不皱、不漏刷,线角处不留积漆且涂面不留刷痕,完成后漆膜丰满光亮柔和。

刷漆要按基本操作要求步骤进行,每刷涂一个物件,必须从难到易,从里到外,从左到右,从上到下,逐一涂刷。

(3)退光漆(推光漆)磨退要点。

在基层面施涂精制漆之前,对基层要进行处理。处理的方法要复杂些,工序要多些。

①基层处理。

退光漆磨退工艺的基层处理(打底)有三种方法。

a.油灰麻绒打底。嵌批腻子→打磨→褙麻绒→嵌批第二遍腻子→打磨→褙云皮纸→打磨→嵌批第三遍腻子→打磨→嵌批第四遍腻子→打磨。(褙:把布或纸一层一层地粘在一起)打底子用料及操作要点。

对基层处理的嵌批腻子配料为:血料∶光油∶消解石灰＝1∶0.1∶1,将洞眼缝隙嵌实批平,再满批。

褙麻绒:用血料加 10％的光油拌均匀后,涂满面层,满铺麻绒,轧实,褙整齐,再满涂血料油浆,渗透均匀后,再用竹制麻荡子拍打抹压,直至密实。

褙云皮纸:在物面上均匀涂刷血料油浆,将云皮纸平整贴于物面,用刷子轻轻刷压。云皮纸接口宜搭接,第一层云皮纸贴好后,再用同样方法,粘贴第二层云皮纸,直至将物面全部封闭完后,再满刷油浆一遍。

工序中有四次批腻子。要点:第二遍批腻子要稠些;第三遍批腻子可根据设计要求的颜色加入颜料,腻子可适量掺熟石膏粉;嵌批第四遍腻子,宜采用(熟漆:熟石膏粉:水=1:0.8:0.4)熟漆灰腻子,重压刮批。如果气候干燥,应入窨房(地下室),保持相对湿度在70%～85%之间。

b.油灰褙布打底。工序与上述基本相同,不同处为用夏布替代麻绒和云皮纸。

c.漆灰褙布打底。工序与上述基本相同,不同处是以漆灰代替血料油浆,以漆灰作压布灰。

②工序及操作工艺。

基层面进行打底之后,可进行退光漆施涂、退磨。施涂、退磨工序及操作工艺见表2-8。

表2-8　　　　　　退光漆施涂、退磨工序及操作工艺

序号	工序名称	用料及操作工艺
1	刷生漆	用漆刷在已打磨、掸净灰尘的物面上薄薄均匀刷涂
2	打磨	用220号水砂纸顺木纹打磨一遍磨至光滑,掸净灰尘
3	嵌批第五遍腻子	用生漆腻子满批一遍(生漆:熟石膏粉:细瓦灰:水=3.6:3.4:7:4),表面应平整光滑
4	打磨	用320号水砂纸蘸水打磨至平整光滑,随磨随洗,磨完后用水洗净,如有缺陷应用腻子修补平整
5	上色	用不掉毛的排笔,顺木纹薄薄涂刷一层颜色

序号	工序名称	用料及操作工艺
6	刷第一遍退光漆	用短毛漆刷蘸退光漆于物面上,用力纵横交叉反复推刷,要斜刷横刷、竖理,反复多次,使漆膜均匀。再用刮净余漆的漆刷,顺物面长方向轻理拨直出边,侧面、边角要理掉漆液流坠
7	打磨	用 400 号水砂纸蘸肥皂水顺木纹打磨,边磨边观察,不能磨穿漆膜,磨至平整光滑,用水洗净,如发现磨穿处应修补,干后补磨
8	刷第二遍退光漆	同第一遍
9	破粒	待二遍退光漆干后,用 400 号水砂纸蘸肥皂水将露出表面的颗粒磨破,使颗粒内部漆膜干透
10	打磨退光	用 600 号水砂纸蘸肥皂水精心轻轻短磨,磨到哪里眼看到哪里,观察光泽磨净程度,磨至不见星光。如出现磨穿要重刷退光漆,干燥后再重磨

③操作注意事项。

a. 以上基层处理及施涂工序仅适用于木质横匾、对联及古建筑中的柱子。

b. 从施涂的第一道工序起,应在保持 70%～85%湿度的窨房内进行操作。

c. 如用漆灰褙布打底,第一遍刷生漆可省去直接嵌批第五遍腻子。

d. 上色使用配制的豆腐色浆系嫩豆腐加少量血料和颜料拌合而成,适用于红色或紫色底面,黄色可不上色。

(4)红木揩漆。

①红木揩漆。

红木制品给人高雅的感受。因其木质致密,多采用生漆揩擦,可获得木纹清晰、光滑细腻、红黑相透的装饰效果。红木揩漆工艺按木质可分为红木揩漆、香红木揩漆、杂木仿红木揩漆工艺。红木揩漆工序及操作工艺见表 2-9。

表 2-9　　　　　　　　　　红木揩漆工序及操作工艺

序号	工序名称	用料及操作工艺
1	基层处理	用 0 号木砂纸仔细打磨,对雕刻花纹的凹凸处及线脚等部位更应仔细打磨
2	嵌批	用生漆石膏腻子满批,对雕刻花纹凹凸处要用牛尾抄漆刷满涂均匀
3	打磨	用 0 号木砂纸打磨光滑,雕刻花纹也要磨到。掸净灰尘
4	嵌批	同工序 2
5	打磨	同工序 3
6	揩漆	用牛尾刷将生漆刷涂均匀,再用漆刷反复横竖刷理均匀,小面积、雕刻花纹及线角处要刷到,薄厚一致,最后顺木纹揩擦,理通理顺
7	嵌批	揩擦干后,再满批第三遍生漆腻子,腻子可略稀一些。同工序 2
8	打磨	待三遍腻子干燥后,用巧叶子(一种带刺的叶子)干打磨,用前将巧叶子浸水泡软,在红木表面来回打磨,直至光滑、细腻为止
9	揩漆及打磨	揩漆工序同 6,干后用巧叶干打磨,方法同上。一般要揩漆 3～4 遍,达到漆膜均匀饱满、光滑细腻,色泽均匀,光泽柔和

注:从揩漆开始,物件要入窨房干燥。

②香红木揩漆。

香红木采用揩漆饰面,涂饰效果类似红木揩漆。与红木揩漆所不同之处是上色工艺。在满批第一遍生漆石膏腻子干燥打磨后,要刷涂一遍"苏木水",待干燥后,过水擦干。在揩第一遍生漆并打磨后,再刷涂"品红水",干燥后,过水擦干。后续的揩漆工序与红木揩漆工序相同。

③仿红木揩漆。

仿红木揩漆与红木揩漆工序相同。"仿"的关键：在上色方面，仿红木揩漆要上三次色，每次上色后均要满批生漆石膏腻子。第一遍上色为酸性大红，第二遍、第三遍上色为酸性大红加黑粉（适量）。上色是仿红木的重要环节。

四、水溶性涂料施工

1. 刷涂石灰浆工艺要点

（1）施工工序及工艺。

石灰浆施涂工序和工艺见表2-10。

表 2-10　　　　　　　　　施涂石灰浆操作工序和工艺

序号	工序名称	材料	操作工艺
1	基层处理	—	用铲刀清除基层面上的灰砂、灰尘、浮物等
2	嵌批	纸筋灰或纸筋灰腻子	对较大的孔洞、裂缝用纸筋灰嵌填，对局部不平处批刮腻子，批刮平整光洁
3	刷涂第一遍石灰浆	—	用20管排笔，按顺序刷涂，相接处刷开接通
4	复补腻子	纸筋灰腻子	第一遍石灰浆干透后，用铲刀把饰面上粗糙颗粒刮掉，复补腻子，批刮平整
5	刷涂第二遍石灰浆	—	刷涂均匀，不能太厚，以防起灰掉粉

（2）操作注意事项。

①如需配色，按色板色配制，第一遍浆颜色可配浅一些，第

二、第三遍深一些。

②一般刷涂两遍石灰浆即可。是否需要刷涂第三遍,则根据质量要求和施工现场具体情况决定。

2. 喷涂石灰浆工艺要点

喷涂适用于对饰面要求不高的建筑物,如厂房的混凝土构件、大板顶棚、砖墙面等大面积基层。

(1)施工工序及工艺。

喷涂石灰浆与刷涂石灰浆的工序及操作工艺基本相同,仅是以喷代刷。

(2)操作注意事项。

①喷涂石灰浆需多人操作,施涂前,每人分工明确,各司其职,相互协调。

②用 80 目铜丝箩过滤石灰浆,以免颗粒杂物堵塞喷头。

③第一遍喷浆对于混凝土面宜调稠些,对清水砖墙宜调稀些。

④喷涂顺序:先难后易、先角线后平面。做好遮盖,以免飞溅到其他基层面。

⑤喷头距饰面距离宜 40cm 左右,第一遍喷涂要厚。

3. 大白浆、803 涂料施涂工艺

大白浆遮盖力较强,细腻洁白且成本低;803 涂料具有一定的粘结强度和防潮性能,涂膜光滑、干燥快,能配制多种色彩,广泛地应用于内墙面、顶棚的施涂。

大白浆、803 涂料施工工序及工艺相同,主要区别是选用的涂料品种不同。

(1)施工工序:基层处理→嵌补腻子→打磨→满批腻子两

遍→复补腻子→打磨→刷涂(滚涂)涂料两遍。

(2)基层宜用胶粉腻子嵌批,嵌批时再适量加些石膏粉,把基层面上的麻面、孔洞、裂缝,填平嵌实,干后打磨。

(3)新墙面则可直接满批刮腻子;旧墙面或墙表面较疏松,可以先用 108 胶或 801 胶加水稀释后(配合比1∶3)在墙面上刷涂一遍,待干后再批刮腻子。

用橡胶刮板批头遍腻子,第二遍可用钢皮刮板批刮。往返批刮的次数不能太多,否则会将腻子翻起。批刮要用力均匀,腻子一次不能批刮得太厚,厚度一般以不超过 1mm 为宜。

(4)墙面经过满刮腻子后,如局部还存在细小缺陷,应再复补腻子。复补用的腻子要求调拌得细腻、软硬适中。

(5)待腻子干后可用 1 号砂纸打磨平整,清洁表面。

(6)一般涂刷两遍,涂刷工具可用羊毛排笔或滚筒。用排笔涂刷一般墙面时,要求两人或多人同时上下配合,一人在上刷,另一人在下接刷。涂刷要均匀,搭接处要无明显的接槎和刷纹。

①排笔涂刷法。墙面刷涂应从左上角开始,排笔以用 20 管为宜。涂刷时先在上部墙面顶端横刷一排笔的宽度,然后自左向右从墙阴角开始向右直刷,一排刷完,再刷一排,依次顺刷。当刷完一个片段,移动梯子,再刷第二片段。这时涂刷下部墙的操作者可随后接着涂刷第一片段的下排,如此交叉,直到完成。上下排刷搭接长度取 50～70mm 左右,接头上下通顺,要涂刷均匀,色泽一致。为减少涂刷中涂料的滴落,把排笔两端用火烤或用剪刀修剪为小圆角。

②辊筒滚涂法。辊筒滚涂适用于表面粗糙的墙面,墙面的滚涂顺序是从上到下、从左到右。滚涂时要先松后紧,以利于涂料慢慢挤出辊筒,均匀地滚涂到墙面上。对于施工要求光洁程度较高的物面必须边滚涂边用排笔理顺。

（7）施涂大白浆要轻刷快刷，浆料配好后不得随意加水，否则影响和易性和粘结强度。

（8）在旧墙面、顶棚施涂大白浆之前，清除基层后可先刷1～2遍用熟猪血和石灰水配成的浆液，以防泛黄、起花。

4. 乳胶漆施涂工艺

适用于乳胶漆施涂的基层有混凝土、抹灰面、石棉水泥板、石膏板、木材等表面。

（1）室内施涂。

①施工工序及工艺。

施涂乳胶类内墙涂料的工序和工艺，见表2-11。

表 2-11　　　　施涂乳胶类内墙涂料操作工序和工艺

序号	工序名称	材料	操作工艺
1	基层处理	—	用铲刀或砂纸铲除或打磨掉表面灰砂、污迹等杂物
2	刷涂底胶	108胶水：水＝1：3	如旧墙面或墙面基层已疏松，可刷胶一遍；新墙面，一般不用刷胶
3	嵌补腻子	滑石粉：乳胶：纤维素＝5：1：3.5加适量石膏粉，以增加硬性	将基面较大的孔洞、裂缝嵌实补平，干燥后用0～1号砂纸打磨平整
4	满批腻子两遍	同上（不加石膏粉）	先用橡胶刮板批刮，再用钢皮刮板批刮，刮批收头要干净，接头不留茬。第一遍横批腻子干后打磨平整，再进行第二遍竖向满批，干后打磨
5	刷涂（滚涂2～3遍）	乳胶漆	大面积施涂应多人合作，注意刷涂衔接不留茬、不留刷迹，刷顺刷通，厚薄均匀

②操作注意事项。

a.混凝土的含水率不得大于 10%。

b.施涂环境温度应在 5～35℃之间。

c.施涂时,乳胶漆稠度过稠难以刷匀,可加入适量清水。加水量根据乳胶漆的质量决定,最多加水量不能超过 20%。

d.施涂前必须搅拌均匀,乳胶漆有触变性,看起来很稠,一经搅拌稠度变稀。

(2)室外施涂。

乳液性外墙涂料又称外墙乳胶漆,其耐水性、耐候性、耐老化性、耐洗刷性、涂膜坚韧性都高于内墙涂料。涂料分平光和有光两种,平光涂料对基层的平整度的要求没有溶剂型涂料严格。

①施工工序及工艺。

施工工序及工艺与表 2-11 大致相同。

②操作注意事项。

a.满批腻子批平压光干燥之后,打磨平整。在施涂乳胶漆之前,一定要刷一遍封底漆,不得漏刷,以防水泥砂浆抹面层析碱。底漆干透后,目测检查,有无发花泛底现象,如有再刷涂。

b.外墙的平整度直接影响装饰效果,批刮腻子的质量是关键,要平整光滑。

c.施涂前,先做样板,确定色调和涂饰工具,以满足花饰的要求。

d.施涂时要求环境干净,无灰尘。风速在 5m/s 以上,湿度超过 80%,应该停涂。

e.目前多采用吊篮和单根吊索在外墙施涂,除注意安全保护外,还应考虑施涂操作方便等具体要求,保证施涂质量。

5. 高级喷磁型外墙涂料施涂工艺

高级喷磁型外墙涂料(丙酸类复层建筑涂料)简称"高喷"。高喷饰面是由底、中、面三个涂层复合组成。底层为防碱底涂料(溶剂型),它能增强涂层的附着力;中层为弹性骨料层(厚质水乳型),它能使涂层具有坚韧的耐热性并形成各种质感的凹凸花纹;面层为丙烯酸类装饰保护层(又分为 AC－溶剂型、AE－乳液型两种),可赋予涂层以缤纷的色彩和光泽,并使之具有良好的耐候性。"高喷"涂层结构见图2-19。它适用于各种高层与高级建筑物的外墙饰面,对混凝土、砂浆、石棉瓦楞板、预制混凝土等墙面均适宜。高喷饰面立体感强,造型千姿百态,色泽鲜艳,耐久性好,施工效率高。

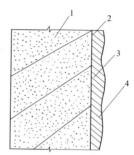

图2-19　"高喷"涂层结构图
1—墙体;2—底层涂料;
3—中层涂料;4—面层涂料

(1)施工工序。

基层处理→施涂底层涂料一遍→喷涂中层涂料一遍→滚压花纹→施涂面层涂料两遍。

(2)基层处理。

"高喷"装饰效果同基层处理关系很大。混凝土和抹灰表面施涂溶剂型涂料时,含水率不得大于 8%;施涂水性和乳液涂料时,含水率不得大于 10%。对空鼓、起壳、开裂、缺棱掉角等缺陷处返工清理后,用 1:3 水泥砂浆修补;对浮土和灰砂可用油灰刀和钢丝刷清理干净;对油污可用汽油揩擦干净;对局部较小的洞缝、麻面等缺陷,可采用聚合物水泥腻子嵌补平整,常用的腻子可用 42.5 级水泥与 108 胶(或 801 胶)配制,其重量配合比约为水泥：108 胶＝100：20(加适量的水)。基层表面光洁既可以提高施涂装饰效果,同时又可以节约涂料。

(3)施涂底层涂料一遍。

底层涂料又称封底涂料,其主要作用是对基层表面进行封闭,以增强中层涂料与基层粘结力。底层涂料为溶剂性,使用时可稀释(按产品说明书规定进行),一般稀释剂的掺入量约为25％～30％。施工时采用喷涂或滚刷皆可,但要求施涂均匀,不得漏涂或流坠等。

(4)喷涂中层涂料一遍。

中层涂料又称骨架或主层涂料,是"高喷"特有的一层成形层,也是"高喷"饰面的主要构成部分。中层涂料通过使用特制大口径喷枪,喷涂在底油之上,再经过滚压,即形成了质感丰满、新颖、美观的立体花纹图案。中层涂料一般有厂家生产的骨粉、骨浆,使用时按产品说明规定的配合比调配均匀就可使用。另外,为了降低成本费用,提高中层涂料的耐久性、耐水性和强度,外墙也可用由水泥(或白水泥)和 108 胶等材料调配而成的中层涂料。

①喷涂用主要工具:小型空压机(风压 0.5～0.6MPa,风速 5m/s,耐压 18MPa 的风管)、喷壶及配件、油刷及油辊等。

②涂料厂家生产的"高喷"中层涂料为厚质水乳型,涂层具有坚韧的耐裂性并能形成各种质感的凸凹花纹。由于"高喷"有多种不同厂家生产的系列产品,使用时应严格按照产品说明书有关规定进行。

③外墙中层涂料,除了使用涂料厂"高喷"配套的中层涂料外,还可以采用水泥(或白水泥)、108 胶等调配搅拌均匀后的中层涂料。其调配方法是先将重量配合比为 108 胶：水＝1：3 混合成 108 胶水溶液,然后将水泥：108 胶水溶液＝(2.2～

3）：1混合均匀（如需要有颜色，应先将颜料和白水泥搅拌均匀配成干粉，然后再加入 108 胶水溶液），用手提式搅拌机搅拌均匀后方可喷涂。但是，调配和使用时都应注意水泥遇水时间过长会硬化不易喷涂，喷枪头容易阻塞，影响喷涂速度和质量。所以，应采取量少次多的调配方法。另外，中层涂料应保持适当的稠度，如果稠度太稀，其喷点粘结力差并容易起壳；稠度太大则不易喷涂。

④喷涂前先将涂料倒入手提式喷枪缸内，空压机的风压一般调节在 0.5～0.6MPa，保持一定的气压使喷点均匀，当气压低时会使喷点粗；气压高时会出现喷点细不易滚压的现象。

喷涂时，喷枪与墙面的喷距一般为 450～500mm，喷涂移动范围 1～1.5m 左右，喷涂运行速度为 6～8m/min 左右，并应保持匀速；如果运行过快，喷点稀易透底，颜色不均匀，遮盖力差；运行过慢，喷点密而不易滚压，会出现立体感不强、不美观、涂质量差，费材料等现象。所以，中层涂料的喷涂直接关系和影响整个饰面的质量好坏。

（5）滚压花纹。

滚压花纹是"高喷"饰面工艺的一个重要环节，直接关系到饰面外表的美观和立体感。待中层涂料喷后两成干，就可用薄型钢皮铁板或塑料滚筒（100～150mm）滚压花纹，但要注意压花时用力要均匀，钢皮铁板或塑料滚筒每压一次都要擦洗干净一次，如不擦洗干净，剩余中层涂料，滚压时会毛糙不均匀影响美观。滚压后应无明显的接槎，不能留下钢皮铁板和滚筒的印痕，并要求墙面喷点花纹均匀美观，立体感强。

（6）施涂面层涂料两遍。

面层涂料是"高喷"饰面的最外表层，其品种有溶剂型和水乳型。面层涂料内已加入了各种耐晒的彩色颜料，施涂后具有柔和的色泽,起到美化涂料膜和增加耐久性的作用。另外根据不同的需要,面层涂料分为有光、半光、无光等品种。面层涂料采用喷涂或滚刷皆可,施涂时,当涂料太稠时,可掺入相配套的稀释剂,其掺入量应符合产品说明书的有关规定。

一般的"高喷"面层涂料的施涂方法:

①金属色型(溶剂型)。先涂白色涂料一遍,稀释比 100:(20~30);待干燥后再施涂金属色型涂料两遍,稀释比 100:(20~30);最后施涂罩光清漆一遍,稀释比 100:(20~30)。

②AC(溶剂型)。采用喷涂,滚刷皆可。可用面涂料稀释剂,稀释比 100:(25~30),要求施涂两遍。

③AE(水乳型)。采用喷涂、滚刷皆可。稀释比为100:12,可用水稀释,要求施涂两遍。

施涂面层涂料时,不得有漏刷和流坠现象,待第一遍干燥后,才能施涂第二遍涂料。

(7)操作注意事项。

①施工气候条件:气温宜在 5℃ 以上,湿度不宜超过 85%。最佳施工条件为气温 27℃,湿度 50%。

②"高喷"的施涂质量与基层表面是否平整关系极大,抹灰表面要求平整、无凹凸。施涂前对基层表面存在的洞、缝等缺陷必须用聚合物水泥胶腻子嵌补平整。

③墙面搭设的外脚手架宜离开墙面 450~500mm 为最佳,脚手架不得太靠近墙面。另外,喷涂时要特别注意脚手架上下接排处的喷点接槎处理,避免接槎处的喷点太厚,使整个墙面的喷点呈波浪形,严重影响美观。

④喷涂中层涂料时,其点状大小和疏密程度应均匀一致,不得连成片状,不得出现露底或流坠等现象。另外喷涂时,还应将不喷涂的部位加以遮盖,以防沾污。

⑤以水泥为主要基料的中层涂料喷涂及压花纹后,应先干燥 12h,然后洒水养护 24h,再干燥 12h 后,才能施涂面层涂料。

⑥面层涂料必须在中层涂料充分干燥后,才能施涂,在下雨前后或被涂表面潮湿时,不能施涂。

⑦"高喷"也可用于室内各种墙面的饰面,其底、中、面层涂料同上。另外室内"高喷"中层涂料还可采用乳胶漆、大白粉、石膏粉、滑石粉等按比例调制而成。

⑧当底、面层涂料为溶剂型时,应注意运输安全。涂料的贮置适宜温度为 5～30℃,不得雨淋和暴晒。

⑨施涂工具和机具使用完毕后,应及时清洗或浸泡在相应的溶剂中。

6. 喷、弹、滚涂

用喷、弹、滚涂等方法来进行工程装饰施工速度快,工效高,适应面广,视觉舒适,美观大方,所以得到推广和广泛的应用。

喷涂是以压缩空气等作为动力,利用喷涂工具将涂料喷涂到物面上的一种施工方法。喷涂生产效率高、适应性强,特别适合于大面积施工和非平面物件的涂饰,保证饰面的凹凸、曲线、细孔等部位涂布均匀。常用的有内墙多彩喷涂和内外墙面彩砂喷涂。

(1)内墙多彩喷涂。

内墙多彩涂料是近年来发展起来的一种新型涂料。喷涂用的喷枪是一种专用喷枪。内墙多彩涂料由磁漆相和水相两大部分组成。其中磁漆相包括有硝化棉、树脂及颜料;水相有水和甲基纤维素。将不同颜色的磁漆相分散在水中,互相混合而不相溶,外观呈现出各种不同颜色的小颗粒,成为一种新型的多彩涂料,喷涂到墙面上形成一层多色彩的涂膜。

多彩涂料的涂膜强度高,耐油、耐碱性能好,耐擦洗,便于清除面上的多种污染,保持饰面清洁光亮。由于是多彩,显得色彩新颖,而且光泽柔和,有较强的立体感,装饰效果颇佳。多彩涂料可喷涂于多种物面上,混凝土、砂浆及纸筋灰抹面、木材、石膏板、纤维板、金属等面上均适合做多彩喷涂。由于具有上述优点和优良施工性能,此项新材料、新工艺发展很快,被广泛用于宾馆、饭店、教学楼、办公室、医院等公共建筑及各种住宅的室内墙面、顶棚、柱子面的装饰,多彩涂料不适宜用于室外。

①施涂工序。基层处理→嵌批腻子→刷底层涂料→刷中层涂料→喷面层涂料。

②基层处理。多彩喷涂面质量的好坏与基层是否平整有很大关系,因此墙面必须处理平整,如有空鼓、起壳,必须返工重做;凹凸处要用原材料补平;抹灰面上的煤屑、草筋、粗料全部剔去;基层面上的浮灰、灰砂及油污等一定要全部清除干净。

在夹板或其他板材面上做喷涂,接缝要用纱布或胶带纸粘贴,板上钉子头涂上防锈漆后点刷白漆,然后用油性腻子嵌补洞缝及接缝处,直至平整。

当基层为金属时,先除锈,再刷防锈漆,用油性石膏腻子嵌缝,再刷一道白漆。

总之,多彩喷涂对其层面的平整要求比一般油漆高,必须认真做好,保证喷涂质量。

③嵌批腻子、打磨嵌批墙面。可用胶老粉腻子或油性腻子,也可用白水泥加108胶水拌成水泥腻子。用水泥腻子批刮墙面可增加基层的强度,这对彩涂面层的牢度很有好处,而且水泥腻子调配使用也很方便,因此被广泛采用。先将墙面上洞、缝及其他缺陷处用腻子嵌实,满刮1~2道腻子,批刮腻子的遍数应视墙面基层的具体情况决定,以基层是否完全平整为标准。腻子

干后用 1 号砂纸打磨,扫清浮灰。

④刷底层涂料。彩色喷涂的涂料一般配套供应。底层材料是水溶性的无色透明的氯偏成品涂料,其作用主要是起封底作用,以防墙面反碱。涂刷底层涂料用刷涂或者滚涂,涂刷要求均匀、不漏刷、无刷纹,干后用砂纸轻轻打磨。

⑤刷中层涂料。中层涂料是有色涂料,色泽与面层配套,起着色和遮盖底层的作用。中层涂料可用排笔涂刷或用滚筒滚涂。涂料在使用前要搅拌均匀,涂刷 1～2 遍,要求涂刷均匀,色泽一致,不能漏刷流挂露底和有刷痕。中层涂料干后同样要经细砂纸打磨。

⑥喷涂面层彩色涂料。涂料在喷涂前要用小木棒按同一方向轻轻搅拌均匀,以保证喷出来的涂料色彩均匀一致。大面积喷涂前要先试小样,满意后再正式施工。喷涂时喷枪与物面保持垂直,喷枪喷嘴与物面距离以 300～400mm 为宜。喷涂应分块进行,喷好一块后进行适当遮盖,再喷另一块。喷涂墙面转角处,事先应将准备不喷的另一面遮挡 100～200mm,当一个面上喷完后,同样应将已喷好的一面遮挡 100～200mm,防止墙面转角部分因重复喷涂,而使涂层加厚。

⑦操作注意事项。

a.基层墙面要干燥,含水率不能超过 8％。

b.基层必须平整光洁,平整度误差不得超过 2mm;阴阳角要方正垂直。

c.基层抹灰质量要好,粘结牢固,不得有脱层、空鼓、洞缝等缺陷。

d.批刮腻子要平整牢固,不得有明显的接缝。

e.喷涂时气压要稳,喷距、喷点均匀,保证涂层花饰一致。

f.喷涂面层涂料前要将一切不需喷涂的部位用纸遮盖严

实。此项工作一定要认真仔细,切不可为图省事而马虎,否则会后患无穷,影响喷涂的整体效果。

g. 喷涂完毕后要对质量进行检查,发现缺陷要及时修正、修喷。喷好的饰面要注意保护,避免碰坏和污损。

h. 喷枪及附件要及时清洗干净。

⑧常见的质量问题。

a. 流挂。原因是面层涂料太稠。防治的方法是通过试喷来观察涂料的稠度,当涂料过稠时,可适当稀释。

b. 花纹不规则。原因是压力不稳和操作方法不当,使喷涂不均匀,造成花纹不均匀。防止的办法,一是保持压力稳定,二是仔细阅读说明书,熟练掌握操作技巧。

c. 光泽不匀。面层的光泽与中层涂料涂刷质量有关,中层涂料刷得不均匀,会影响面层的质量,发现中涂有问题时要重刷中涂涂料。

d. 粘结力差。涂料不配套或中层涂料不干,会影响面层涂料的粘结力,防治的办法是涂料一定要配套使用,喷涂面层一定要等中涂干燥后再进行。

(2)内外墙面彩砂喷涂。

墙面喷涂彩砂由于采用了高温烧结彩色砂粒,彩色陶瓷粒或天然带色石屑作为骨料,加之具有较好耐水、耐候性的水溶性树脂作胶结剂(常用的有乙—丙彩砂涂料、苯丙彩砂涂料、砂胶外墙涂料等),用手提斗式喷枪喷涂到物面上,使涂层质感强,色彩丰富,强度较高,有良好的耐水性、耐候性和吸声性能,适用于内外墙面、顶棚面的装饰。

①工艺流程。基层处理→刷清胶→嵌批腻子→刷底层涂料→喷砂。

②基层处理。内墙基层处理的方法和要求与多彩喷涂相

同;墙面基层要求坚实、平整、干净,含水率低于 8%,对于较大缺陷要用水泥砂浆或水泥腻子(108 胶水拌水泥)修补完整。墙面基层的好坏对喷涂质量影响极大,墙面不平整、阴阳角不顺直,将影响喷砂的质量和装饰效果。

③刷清胶。用稀释的 108 胶将整个墙面统刷一遍,起封底作用。如果是成品配套产品,必须按要求涂刷配套的封底涂料。

④嵌批腻子。嵌批所用的腻子要用水泥腻子,特别对外墙,不能用一般的胶腻子。胶腻子强度低,易受潮粉化造成涂膜卷皮脱落。

腻子先嵌后批,一般批刮两道,第一道腻子稠些,第二道稍稀。多余的腻子要刮去。腻子干燥后用 1 号或 ½ 号砂纸打磨,力求物面平整光滑,无洞孔裂缝、麻面、缺角等,然后扫清灰尘。

⑤刷底层涂料。底层涂料用相应的水溶性涂料或配套的成品涂料,采用刷涂或滚涂,涂刷时要求做到不流挂、不漏刷、不露底、不起泡。

⑥喷彩砂。

a.墙面喷砂使用手提斗式喷枪,喷嘴的口径大小视砂粒粗细而定,一般为5~8mm。

b.先将彩砂涂料搅拌均匀,其稠度值保持在 10~20cm 为宜,将涂料装入手提式喷枪的涂料罐。

c.空压机的压缩空气压力,调节保持在 600~800kPa,如压力过大砂粒容易回弹飞溅,且涂层不易均匀,涂料消耗大。

d.喷涂前先要试样,在纤维板或夹板上试喷,检查空压机压力是否正常,看喷出的砂头粗细是否符合要求,合格后方可正式喷涂。

e.喷涂操作时,喷嘴移动范围控制在 1~1.5m 范围内,距墙面约 400~500mm,自上而下分层平行移动,移动速度为 8~

12m/min 运行过快,涂膜太薄,遮盖力不够;太慢,则会使涂层过厚,造成流坠和表面不平。喷涂一般一遍成活,也可喷涂两遍,一遍横向,一遍竖向。

喷砂完毕后,要仔细检查一遍,如发现有局部透底时,应在涂料未干前找补。

⑦施工注意事项。

a. 彩砂涂料不能随意加水稀释,尤其当气温较低时,更不能加水,否则会使涂料的成膜温度升高,影响涂层质量。

b. 喷涂前要将饰面不需喷涂的地方遮盖严实,以免造成麻烦,影响整个饰面的装饰效果。

c. 天气情况不好,刮风下雨或高温、高湿时,不宜喷涂。

d. 喷涂结束后要将管道及喷枪用稀释剂洗净,以免造成阻塞。

⑧常见的质量问题。

a. 堆砂。造成堆砂的原因主要有:空气压力不均,彩砂搅拌不均,操作不够熟练。操作中应分析产生的原因,有针对性地解决。

b. 落砂。造成落砂的主要原因有:喷料自身的黏度不够或基层还未完全干燥所造成,如胶性不足可适量地加入 108 胶或聚酯酸乙烯乳胶漆,以调整胶黏度。在大面积喷涂前,必须试小样,待其干燥,检验其粘结度。

7. 彩弹装饰

彩弹装饰工艺主要工作原理是通过手动式电动弹涂机具内的弹力棒以离心力将各种色浆弹射到装饰面上。该工艺可根据弹涂料的不同稠度和调节弹涂机的不同转速,弹出点、线、条、块等不同形状,故又称弹涂装饰工艺。该工艺又可对各种弹出的形状进行压抹,各种颜色和形状的弹点交错复弹,使之形成层次交错、互相衬托、视觉舒适、美观大方的装饰面。它适用于建筑工程的内外墙、顶棚及其他部位的装饰,具有良好的质感和装饰效果。

（1）常用弹涂材料的配制。

弹涂材料一般应自行配制,根据需要调制出不同颜色和稀稠度。常用的有以白水泥为基料的弹涂料、以聚酯酸乙烯乳胶漆为基料的弹涂料和以803涂料为基料的弹涂料,需用那种弹涂料应视实际要求而定。一般来说,以水泥为基料的适用于外墙装饰,以乳胶漆和803涂料为基料的适用于室内装饰。

①以803涂料为基料的弹涂材料（主要适用于室内装饰）：803涂料：108胶：大白粉：立德粉：水：颜料＝3.5：1.5：3.5：1：0.5：适量。

②以水泥为主要基料的配合比见表2-12。

表2-12　　　　彩弹浆液配合比（以水泥为主要基料）　　　（单位：%）

材料名称 \ 彩弹品种	外墙蛋黄底深黄面		外墙淡灰底深灰绿面		外墙淡灰绿底深灰绿面		外墙咖啡底橘黄面	
材料组成	涂料	弹点料	涂料	弹点料	涂料	弹点料	涂料	弹点料
白水泥	49.3	64.7	49.3	64	47.5	60.6	45.2	62
108胶	12.78	16.58	13.52	13.7	14	13.3	13.6	13.4
氧化铁红粉	—	—					3.4	2
氧化铁黄粉	1.32	2.02					—	2
氧化铁黑粉	—	—	0.74	0.5			1.6	
氧化铬绿粉	—	—	0.74	3.2	2	6.1		
清水	36.6	16.7	35.7	18.6	36.5	20	36.2	20.6
合计	100	100	100	100	100	100	100	100

续表

彩弹品种 材料组成 材料名称	外墙蛋黄 底深黄面		外墙淡灰底 深灰绿面		外墙淡灰绿 底深灰绿面		外墙咖啡 底橘黄面	
	涂料	弹点料	涂料	弹点料	涂料	弹点料	涂料	弹点料
每平方米刷涂料两遍 用量(kg)	0.8	—	0.8	—	0.8	—	0.8	—
每平方米弹点用量 (kg)	—	1.3	—	1.3	—	1.3	—	1.3

注：以上系温度在(20±5)℃时操作的用料配方和材料用量。

③以乳胶漆为主要基料的配合比见表 2-13。

表 2-13　　　　　彩弹浆液配合比(以乳胶漆为主要基料)　　　　（单位：%）

彩弹品种 材料组成 材料名称	内外墙象牙 底可可色面			内外墙可 可底白色面			内外墙天蓝底 深可可色面		
	腻子	涂料	弹点料	腻子	涂料	弹点料	腻子	涂料	弹点料
白孔胶漆	—	89.8	40	—	79	40	—	93.5	40
乳液	3.1	—	3	3.1	—	3	3.1	—	3
108 胶	5.1	—	6	5.1	—	6	5.1	—	6
纤维素	1.0	—	—	1.0	—	—	1.0	—	—
大白粉	71.4	—	37	71.4	—	32	71.4	—	38
氧化铁红粉	—	—	1.35	—	1.8	—	—	—	1
氧化铁黑粉	—	0.2	1.35	—	3.2	—	—	—	1.35
立德粉	—	—	—	—	—	8	—	—	—
黑色浆	—	—	—	—	—	—	—	—	0.05
蓝色浆	—	—	—	—	—	—	—	0.15	—
黄色浆	1	—	—	—	—	—	—	—	—
大红色浆	—	—	—	—	—	—	—	—	—

续表

材料名称	内外墙象牙底可可色面			内外墙可可底白色面			内外墙天蓝底深可可色面		
	腻子	涂料	弹点料	腻子	涂料	弹点料	腻子	涂料	弹点料
清水	19.4	9.9	11.3	19.4	16	11	19.4	6.35	10.6
合计	100	100	100	100	100	100	100	100	—
每平方米刷色浆二遍用量/kg	—	0.25	—	0.25	—	0.25	—	—	—
每平方米弹点用量/kg	—	—	0.45	—	—	0.48	—	—	0.48
白孔胶漆	—	87.2	40	—	90	39.7	—	90	41
乳液	3.1	—	3	3.1	—	3	3.1	—	3
108胶	5.1	—	6	5.0	—	6	5.0	—	17
纤维素	1.0	—	—	1.0	—	—	1.0	—	37
大白粉	71.4	—	36	71.4	—	39.7	71.4	—	—
氧化铁红粉	—	—	2	—	—	—	—	—	—
氧化铁黑粉	—	0.24	2	—	—	—	—	—	—
立德粉	—	—	—	—	—	—	—	—	—
黑色浆	—	—	0.15	—	—	—	—	—	0.1
蓝色浆	—	—	—	—	—	0.25	—	—	0.25
黄色浆	—	—	—	—	—	—	—	—	—
大红色浆	—	—	—	—	—	0.5	—	—	0.6
清水	19.4	12.56	10.85	19.5	10	10.85	19.5	10	1.05
合计	100	100	100	100	100	100	100	100	100
每平方米刷色浆两遍用量(kg)	—	0.25	—	0.25	—	0.25	—	—	—
每平方米弹点用量(kg)	—	—	0.48	—	—	0.48	—	—	0.48

（2）以水泥为主要基料的弹涂装饰工艺。

①施工工序。基层处理→嵌批腻子→刷涂料两遍→弹花点→压抹弹点→防水涂料罩面。

②基层处理。用油灰刀把基层表面及缝洞里的灰砂、杂质等铲刮平整，清理干净。如饰面上沾有油污、沥青可用汽油揩擦，除去油污。

③嵌批腻子。先把洞、缝用清水润湿，然后用水泥、黄砂、石灰膏腻子嵌平，其腻子配合比应与基层抹灰相同。如果洞、缝过大、过深，可分多次嵌补，嵌补腻子要做到内实外平，四周干净。

凡嵌补过腻子的部位都要用 1 号或 1½ 号砂布打磨平整，并清扫余灰。

④涂刷涂料两遍。所用涂料可视内、外墙不同要求自行选择，外墙涂料也可自行用白水泥配制，在自行配制中把各种材料按比例混合配成色浆后，要用 80 目筛过滤，并要求 2h 内用完。涂刷顺序应自上而下地进行，刷浆厚度应均匀一致，正视无排笔接槎。

⑤弹花点。弹点用料调配时，先把白水泥与石性颜料拌匀，过筛配成色粉，将 108 胶和清水配成稀胶溶液，然后再把两者调拌均匀，并经过 60 目筛过滤后，即可使用，但要求材料现配现用，配好后 4h 内要用完。弹花点操作前先要用遮盖物把分界线遮盖住。电动彩弹机使用前应按额定电压接线。操作时要做到料口与墙面的距离以及弹点速度始终保持相等，以达到花点均匀一致。

⑥压抹弹点。待弹上的花点有两成干，就可用钢皮批板压成花纹。压花时用力要均匀，批板要刮直，批板每刮一次就要擦干净一次，才能使压点表面平整光滑。

⑦防水涂料罩面。刷防水罩面涂料主要适用于外墙面，为

了保持墙面弹涂装饰的色泽,可按各地区的气候等情况选用罩面涂料,如甲基硅或聚乙烯醇缩丁醛等(缩丁醛：酒精＝1∶15)防水涂料罩面。如能选用苯丙烯酸乳液罩面,其效果则更佳。大面积的外墙面可采用机械喷涂。

(3)以聚酯酸乙烯乳胶漆为基料的弹涂装饰工艺。

①施工工序。基层处理→嵌批腻子两遍→涂刷乳胶漆两遍→弹花点→压抹弹点。

②基层处理。与以水泥为主要基料弹涂工艺的基层处理相同。

③嵌批胶粉腻子两遍。以聚酯酸乙烯乳胶漆为主要基料的弹涂工艺主要适用于内墙及顶棚装饰,所以嵌批的腻子可采用胶粉腻子。嵌批时,先把洞、缝用硬一点的腻子嵌平,待干后再满批腻子。如果满批一遍不够平整,用砂纸打磨后再局部或满批腻子一遍。嵌批腻子时应自上而下,凹处要嵌补平整,不能有批板印痕。

待腻子干透后,用 1 号或 1½ 号砂布全部打磨平整及光滑,并掸净粉尘。

④施涂乳胶漆两遍。有色乳胶漆自行配成后,应用 80 目筛过滤,施涂时应自上而下地进行,要求厚度均匀一致,正视无排笔接槎。

⑤弹花点。在大面积弹涂前必须试样,达到理想的要求时可大面积弹涂,操作要领与以水泥为基料的弹涂相同。

⑥压抹弹点。可视装饰要求而定,有的弹点不一定要压抹花点,如需压抹花点,其操作要点与以水泥为主要基料的压花点相同。

(4)以 803 涂料为主要基料的弹涂装饰工艺。

①施工工序。基层处理→嵌批胶粉腻子两遍→打磨→涂刷

803涂料两遍→弹花点→压抹弹点。

②基层处理与以水泥为基料的弹涂工艺的基层处理相同。

③嵌批腻子两遍。嵌批的材料宜用胶粉腻子,先把较硬的胶腻子把洞缝嵌刮平整,再满批胶腻子两遍。待腻子干透后将物面打磨平整,掸净粉尘。

④涂刷803涂料两遍。涂刷要求与聚酯酸乙烯乳胶漆涂刷工艺要求相同。

⑤弹花点与聚酯酸乙烯乳胶漆为基料的弹涂工艺相同。

⑥压抹弹点参照聚酯酸乙烯乳胶漆压抹弹点工艺要求。

⑦弹涂操作注意事项。

a. 以上三种彩弹装饰工艺,所用的基料系水溶性物质涂料,故平均气温低于5℃时不宜施工,否则应采取保温措施。

b. 彩弹所用的涂料均系酸、碱性物质,故不准用黑色金属做的容器盛装。

c. 彩弹饰面必须在木装修、水电、风管等安装完成以后才能进行施工,以免污染或损坏彩弹饰面(因损坏后难于修复)。

d. 为保持花纹和色泽一致,在同一视线下以同一人操作为宜,在上下排架子交接处要注意接头,不应留下明显的接槎。

e. 每一种色料用好以后要保留一些,以备交工时局部修补用。

f. 如用户对色泽及品种方面有特殊要求,可先做小样后再施工。

g. 电动弹涂机使用前应检查机壳接地是否可靠,以确保操作安全。

8. 滚花

滚花是利用滚花工具在已涂刷好的内墙面涂层上滚涂出各

种图案花纹的一种装饰方法。其操作容易、简便,施工速度快,工效高,节约成本,与弹涂工艺相配合,其装饰效果可与墙纸和墙布媲美。

(1)滚花工具。

滚花工具有双辊滚花机和三辊滚花机两种,它们都是由盛涂料的机壳和滚筒组成。双辊滚花机无引浆辊,只有上浆辊和橡皮花辊(滚花筒),工作时,由上浆辊直接传给滚花筒,就能在墙面上滚印。三辊滚花机由上浆辊、引浆辊和橡皮花辊组成,工作时三个辊筒互相同时转动,通过上浆辊将涂料传给引浆辊,这时,在引浆辊上将多余涂料挤出流下,剩下的涂料再传给橡皮花辊,使滚花筒面上凸出的花纹图案上受浆,再滚印到墙面上。

(2)滚花筒。

滚花筒上的图案花纹有几十种,对自己所喜爱的图案花纹亦可自行设计、制作。使用时可随意选用,几个房间同时滚花可以交接使用,使各个房间花纹都不同,各有各的风格。

(3)施工要点。

①工艺流程。基层处理→嵌批腻子→刷水溶性涂料→滚花。

②基层处理。滚花宜在平整的墙面上进行,所以在清理中特别对凸出的砂粒和沾污在墙面上的砂浆必须清理干净,并将整个墙面打磨一遍,然后掸净灰尘。

③嵌批石膏腻子。嵌批的材料用胶腻子,应先将洞、缝用较硬的腻子填刮平整,再满批胶腻子两遍,每遍干后必须打磨,以使整个墙面平整。如墙面不平整,在以后的滚花中会出现滚花的缺损,影响质量。

④刷水溶性涂料两遍。涂刷何种水溶性涂料可根据需要自行选择,但涂刷的材料和滚花的材料应配套。

⑤滚花。滚花必须待涂层完全干燥才可进行;检查滚花机各辊子转动是否灵活;滚花用的涂料的黏度是否调配适宜;在滚花前必须进行小样试滚,达到理想要求后再大面积操作。

⑥滚花操作。滚花时右手紧握机柄,也可用左手握住滚花机,使花辊紧贴墙面,从上至下垂直均速均力进行,滚花时每条滚花的起点花形必须一样;每条滚花的间距必须相等;对于边角达不到整花宽度的,可待滚花干燥后,将滚好部分用纸挡住,再滚出边角剩余部分的花样;待整个房间滚花完成后,全面检查一遍,遇到墙面不平而花未滚到处,可用毛笔蘸滚花涂料进行修补;滚花完成后,应将滚花筒拆下,冲洗干净,揩干备下次使用。

9. 真石漆施涂工艺

随着对内外墙涂料装饰性要求的提高,天然真石漆以其独特的外观及性能越来越受到大家的喜爱,采用真石漆涂饰,与天然花岗岩、大理石等天然石材外观十分相近。天然真石漆主要由高分子聚合物、天然彩石砂及相关助剂制成,在性能方面具有较强的硬度、防水、耐老化且修补容易等。

(1)工具准备。

①空气压缩机。功率 5 匹以上,气量充足,至少带三根气管,能满足三人以上同时施工。

②下壶喷枪。容量 500mL,口径 1.3mm 以上,容量不能太大,否则太重,操作不便,口径小则施工速度慢,可能延缓工期,不宜大面积施工。

③真石漆喷枪。分单枪、双枪、三枪等,根据不同的花色选择单色用单枪,双色、多色用双枪、三枪,以便适应不同施工工艺,喷出更理想的效果。

④各种口径喷嘴。4mm、5mm、6mm、8mm 等,根据样板的

要求选择不同的喷嘴,口径越小则喷涂效果越平整均匀,口径大则花点越大,凸凹感越强。

（2）工艺流程。

清理基层→基底自然干燥→喷底油两遍→喷真石漆 2～3mm→喷面油两遍。

（3）基层处理。同一般饰面的基层处理要求。

（4）喷涂底油选用下壶喷枪,压力 4～7kg/cm²,施工时温度不能低于 10℃,喷涂两遍,间隔 2h,厚度约 30μm,常温干燥 12h。

（5）喷涂。喷涂真石漆选用真石漆喷枪,空气压力控制在 4～7kg/cm²,施工温度 10℃以上,厚度约 2～3mm,如需涂抹两道、三道,则间隔 2h,干燥 24h 后方可打磨。

（6）打磨。采用 400～600 目砂纸,轻轻抹平真石漆表面凸起的砂粒即可。注意用力不可太猛,否则会破坏漆膜,引起底部松动,严重时会造成附着力不良,真石漆脱落。

（7）喷涂面油。选用下壶喷枪,压力 4～7kg/cm²,施工不低于 10℃,喷涂两遍,间隔 2h,厚度约 30μm,完全干燥需 7 天。

（8）不同施工对象操作要点。

①砖形真石漆。先按要求设计好砖形尺寸,然后在已涂好底油的墙面用木框架做好砖形模型,再喷上真石漆,在真石漆表面未干前取下木框即可。

②垂直面喷涂。采用划圈法,距离 30～40cm,以半径约 15cm横向划圈喷涂,并不时上下抖动喷枪,这样喷涂速度快而均匀,且易控制,如果采用一排一排的主式重叠喷涂,速度慢,上下交接处难控制均匀,将影响外观,造成表面缺陷。

③罗马圆柱喷涂。因其是圆柱形,所以采用"M"线形喷涂,距离略远约 40cm,喷枪要垂直柱面喷涂,自上而下,喷好一面再

转向另一面,转向角度约 60°为宜。

　　④方形柱喷涂。方形柱棱角分明,很容易因喷涂不匀而使棱角模糊,为了喷涂方便,以约 50cm 的距离喷涂棱角,远距离喷涂雾花散得开,面积大而均匀,如果距离太近,稍不注意就会喷厚,喷不均匀,使棱角线条显现不出来,失去了原有建筑的整体外观美感。

　　⑤圆柱形小葫芦喷涂。现代建筑采用圆柱形小葫芦做栏杆装饰,大都要求喷上真石漆,因其小巧玲珑,极具装饰性,对它们的喷涂工艺也更为细致。做栏杆装饰的葫芦柱,距离太近,有些地方根本无法正面喷涂,所以按一般常规喷法是无法达到理想效果的。喷涂选用小喷嘴,距离约 40cm,快速散喷真石漆,自上而下一面一面地喷,不能正面喷涂的,用抖动喷枪的方法,令其周围尽量喷上真石漆,然后用毛刷刷平真石漆,没有喷到的地方也可以用毛刷略微抹上一层,再用喷枪散喷一遍,薄厚要均匀,盖住刷痕即可,薄了不能起到很好的保护效果,厚了则遮盖住了原有的线条美感,并能出现表面裂缝现象。

　　(9)施工注意事项。

　　真石漆适用于混凝土或水泥内外墙、砖墙体及石棉水泥板、木板、石膏板、聚氨酯泡沫板等底材。施工底材表面基层应平整、干净,并具有较好的强度,新墙体应自然干燥一个月,方可施工,旧墙翻新,要将基层处理好,除去松脱、剥落表层及粉尘油垢杂质后方可施工。

　　①阴阳角裂缝处理。

　　真石漆喷涂过程中,有时会在阴阳角处出现裂缝,因阴阳角是两个面交叉,如果喷上真石漆,在干燥过程中会有两个不同方向的张力同时作用于阴阳角处的涂膜,易裂缝。现场解决办法:发现裂缝的阴阳角,用喷枪再一次薄薄地覆喷,隔半小时再喷一遍,直至盖住裂缝;对于新喷涂的阴阳角,则在喷涂时特别注意不能一次喷得过厚,采取薄喷多层法,即表面干燥后重喷,喷枪距离要远,运动速度要快,且不能垂直阴阳角喷,只能采取散射,即喷涂两个面,让雾花的边缘扫入阴阳角。

②平面出现裂缝处理。

平面出现裂缝主要原因可能是因为天气温差大,突然变冷,致使内外层干燥速度不同,表干里不干而形成裂缝,现场解决方法是改用小嘴喷枪,薄喷多层,尽量控制每层的干燥速度,喷涂距离以略远为好。

③成膜过程中出现裂缝处理。

在喷涂时,覆盖不够均匀或者太厚,在涂层表面成膜后出现裂缝,甚至若干星期后出现裂缝,这种情况就要具体分析,除了施工时注意喷涂方法外,必要时应改变配方,重新试制。

五、美术涂饰工艺

1. 画线

画线又称为起线。主要通过画线把两种颜色的涂饰面清晰地分开,创造出视觉上的动感。如为塑造建筑物的形态美,在外墙面上饰以横的或竖的色带。把这种工艺引入室内,仅是条带由宽变细了,就是常说的"线",如墙顶分色线、墙面分色线、墙裙高度线等。

(1)工序。

确立画线位置尺寸→弹线(用粉线袋)→画线(油线、粉线)。

(2)起始画线高度的确定。踢脚线以地面为准;墙裙线以水平为准,墙顶线以顶棚高度为准,画线要考虑到人们的视觉习惯。

（3）先画粉线后画油线，刷浆分色线只弹粉线即可。画油线需先弹粉线，然后利用直尺画出油线；画线应根据线的宽度，用画线笔一次或多次画成。

（4）施工注意事项。

①在任何饰物表面，不论用何种工具画线，均应先弹样线，或用直尺和铅笔、水彩笔画框线（打格子）。

②画线时应注意力集中，执笔应牢而稳，用力均匀，轻重一致，运笔应匀速运动，每一笔应一气呵成，每段颜色应一致，不显接头痕迹。

③根据线条粗细、宽窄，选择大小合适的画线笔、刷，并根据各种笔、刷的特性，运用恰当的画线方法。

④涂料稠度要适当，使画的线条不流坠、不露底、不皱皮、不混色，在画下线时尤应注意不能发生流坠。

⑤画线要选配着色和遮盖力强的涂料，色彩应与饰面的颜色协调。

2. 喷花、漏花、喷字

喷花、漏花、喷字是通过做好的镂空套板，在饰面上形成花纹图案或字的一种施涂方法。

（1）喷花、漏花。

①施工工序。

花纹图案套板制作→基层处理→施涂底漆→喷、刷花纹图案。

②套板制作。简单花样的套板，可用硬纸板正反两面施涂两遍漆片或施涂一遍清油，晾干压平。然后按设计要求，把花纹图案复印在硬纸板上并镂空，即成简单的纸套板。丝绢套板的制作方法有很多种，最简单的是在丝绢上刷稀胶，用漆片或清喷

漆描出花纹图样,正反两面都要描,干后再去胶水,即成套板。用马口铁皮制作套板,方法同纸板制作。

如果喷、刷彩色图案,则要根据图案色彩制作多色套板,即不同的颜色制作不同的套板,并在套板上留 2～3 个小孔,使不同的套板能固定在相同的位置上,这样便能控制彩色图案经多次喷、刷后,花纹图样依旧吻合。

③喷、刷花纹图样。待底漆干后即可喷花,把根据设计制作的套板,固定在需要喷花的物面上,用喷漆枪喷涂。喷花时,喷枪要垂直于物面。喷枪的气压一般控制在 0.3～0.4MPa,喷距掌握在 20～25cm 之间,喷涂时最好一枪盖过不重复。如果是多彩花纹图案,则要分几次喷涂,每次喷好后要待涂膜干结,才能喷涂另一种色彩。刷花是以刷代喷,效果没有喷花好。

④操作注意事项。

喷花时,喷枪气压大小要控制适宜;揭、换套板动作要轻、要快。

(2)喷字。

①喷字样。把字模放在选定的物面位置上进行,如在平面上喷字,只要将字模放平,压住字模空隙,用喷枪进行喷涂即可;如在垂直面上喷字,要设法将字模用一定的方法固定在被喷物面上,必须紧贴物面,或者两人配合操作,一人把字模托住压平,另一人持枪喷字,这样才能够有良好的效果。

②刷字样。用油漆刷蘸上涂料在容器内边匀油,然后在字模上轻轻刷,切勿将字模移动。按顺序将字模刷完,揭起字模即印成所需要的字体。

③喷字的涂料要与底涂料配套使用,涂料液粘结度可以略高些。硝基涂料不能喷在油性的漆面上。

④持枪喷涂时,喷枪与物面最佳角度为90°,如果倾斜喷涂,喷雾飞溅进字体的边缘,造成字体模糊不清。

⑤喷射时一次喷到字模,不要重复,以防流坠。

⑥字模重复使用次数较多的应用铁皮字模,小量可采用纸质字模。

⑦字模上涂料未干前,用刷子蘸配套溶剂轻轻刷洗干净。纸质字模在刷洗完后,用干布吸干溶剂,将字模放在玻璃板下压平。

3. 仿石纹、仿木纹涂饰

(1)仿大理石纹涂饰。

①工序。施涂底层→画底线→点、刷石纹(或喷漆)→画线→打磨→施涂面层涂料

②在基层处理完毕后(以仿制白色大理石石纹为例),刷涂(或喷涂)白色涂料,涂层要薄而均匀。

③根据设计所定的仿石块尺寸,在白色涂层上画出底线,仿拼缝。

④在底层涂料基层上,刷一道延展性好的与大理石样板主色调相似的调色漆,不等其干燥,用灰色调和漆进行随意施涂后,即用油刷来回轻轻浮飘,刷成黑白纹理交错的仿石纹。

⑤在仿石纹涂膜干透后进行画线,在原底线处划出宽窄相宜的石块拼缝。

⑥干透后,用400号水砂纸打磨,掸净灰尘。

⑦刷涂罩面清漆。

⑧施工注意事项。摹仿大理石要特别注意基层面的平整和光洁度;颜色的调配力求自然、和谐、逼真。

(2)仿木纹涂饰。

仿木纹的工序与仿石纹相同,注意在基层面上先刷涂浅色油漆(颜色与木材面色相同),待干燥后,刷一道深木材色油漆,即用钢耙子或钢齿刮出木纹,滚出鬃眼,要一次成活。干透后用 1 号砂纸轻轻打磨平整,刷罩面清漆两遍。

仿木纹墙裙见图 2-20。

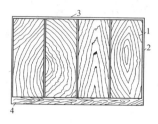

图 2-20　仿木纹墙裙
1—墙裙;2—分隔线;
3—台度线(平身线);4—踢脚线

六、防火、防腐涂料施工

1. 防火涂料施涂

防火涂料又称阻燃涂料,它即有装饰性又具有防止火灾和减缓火灾蔓延的作用。

(1)操作工艺顺序。

基层处理→嵌批腻子→打磨→施涂第一遍防火涂料→打磨→施涂第二遍防火涂料打磨→施涂第三遍防火涂料。

(2)操作工艺要点。

①基层处理。混凝土或砂浆基层要求坚固,密实,干燥平整,表面如有浮砂或高低不平之处应铲除干净,如有污物和灰砂必须清理干净。对于木基层表面的油污迹,要用汽油清除干净,如沾染了沥青污迹,还要用虫胶清漆施涂污迹部位。

②嵌批腻子。先用石膏腻子嵌大洞或缝隙然后满批腻子。

③打磨。待腻子干后用砂纸打磨平整,并消除浮灰。

④施涂第一遍防火涂料。施涂时要均匀,不可漏刷,也不可出现流坠。

⑤打磨。待第一遍防火涂料干后,用 $1\frac{1}{2}$ 号旧砂纸打磨至

光滑,然后将浮灰打扫干净。

⑥施涂第二遍防火涂料。方法同第一遍。

⑦打磨。打磨至光滑,打磨完毕用抹布将表面的粉尘擦干净。

⑧施涂第三遍防火涂料。方法同第一遍。

(3)应注意的质量问题。

①施涂时要均匀,不能有漏刷,否则会影响防火效果。

②防火涂料施涂后应有装饰效果,要做到大面光亮、光滑。

③大面颜色均匀,刷纹通顺。

2. 过氯乙烯防腐涂料施涂工艺

过氯乙烯有优良的防腐蚀性能,在金属表面施喷一般以喷涂为主,也可采用刷涂,在抹灰面上一般为刷涂。现将抹灰面上施工工艺介绍如下:

(1)操作工艺顺序。

抹灰面清理→施涂底漆 1～2 遍→嵌批腻子→打磨→施涂过氯乙烯磁漆脂抹粉两遍及打磨→施涂过氯乙烯清漆两遍及打磨。

(2)操作工艺要点。

①抹灰面清理。清除抹灰面上的污物,如有油污可用溶剂清洗,并保持抹灰面干燥。

②施涂底漆。在已清理干净的墙面上,先施涂过氯乙烯底漆 1～2 遍,操作方法与施涂铅油相同。由于过氯乙烯底漆干燥特别快,所以施涂时只能一上一下刷两下,不能多刷,更不能横刷乱涂,以免吊起底层。接头处允许重叠施涂,但不能太明显。

③嵌批腻子。所用腻子有工厂生产的成品腻子和自制的腻子两种。成品腻子为 G07－3 各色过氯乙烯腻子,具有干燥快、

易打磨等特点。自制腻子一般用过氯乙烯底漆与磺粉拌合而成。腻子在使用前必须搅拌均匀。由于过氯乙烯漆施涂遍数较多,一般不需满遍腻子。

过氯乙烯腻子可塑性差,干燥快,嵌批时操作要快,要随嵌、随刮平,不能多刮,否则会从底层翻起。

④打磨。用 1 号砂纸打磨,打磨后应除净表面的灰尘,以利下道工序的进行,打磨的方法与一般涂料相同。

⑤施涂过氯乙烯磁漆两遍及打磨。施涂方法同底漆,但因底漆容易被磁漆吊起,在操作时以轻刷快理为宜。磁漆一般需施涂两遍,每遍之间都要进行打磨。若达不到质量要求可再增加一遍磁漆。

⑥施涂过氯乙烯清漆两遍及打磨。清漆的操作方法与磁漆一样,一般施涂两遍,如达不到质量要求时可施涂四遍(每遍之间均需用砂纸打磨)。

3. 防霉涂料施涂工艺

乳液型防霉涂料因其有较好的防霉性和装饰效果,在施工中应用较广泛,其施工工艺如下:

(1)操作工艺顺序。

基层清理→杀菌→施涂封底涂料→嵌批腻子及打磨→施涂防霉涂料。

(2)操作工艺要点。

①基层清理。

要求基层表面平整,无疏松、起壳、霉变、如有霉变现象必须用铲刀清除净,并用肥皂水擦干净,然后用清水清洗干净,保持基层表面干燥。

②杀菌。

采用 7%～10%磷酸三钠水溶液,用排笔涂刷 1～2 遍(新墙面可不必进行杀菌处理,但湿热气候地区除外)。杀菌必须彻底、细致,以免留下霉菌隐患。

③施涂封底涂料。

封底涂料可以用羊毛排笔涂刷也可用滚筒滚涂,采用封底涂料的目的是为了封住霉变部位的霉斑,防止防霉涂料迅速被基层吸收。在涂刷(或滚涂)过程要求封底涂料要全部施涂均匀,不得漏刷(漏滚)。

④嵌批腻子及打磨。

腻子的材料是用防霉乳液加双飞粉或水泥调成的防霉腻子,这种腻子具有防霉、干燥快、附着力强等特点。待 2～3h 后,即可打磨平整。

⑤施涂防霉涂料。

可用排笔或滚筒来施涂,先从上而下,以两人操作为宜,一般施涂两遍至三遍。施工温度要求 5℃以上,当第一遍干燥后方可施涂第二遍。一般间隔时间为半天至一天。

第3部分 油漆工岗位安全常识

一、油漆工施工安全基本知识

（1）各种油漆材料（汽油、漆料、烯料）应单独存放在专用库房内，不得与其他材料混放。库房应通风良好。易挥发的汽油、烯料应装入密闭容器中，严禁在库内吸烟和使用任何明火。

（2）油漆涂料的配制应遵守以下规定：

①调制油漆应在通风良好的房间内进行。调制有害油漆涂料时，应戴好防毒口罩、护目镜，穿好与之相适应的个人防护用品。工作完毕应冲洗干净。

②工作完毕，各种油漆涂料的溶剂桶（箱）要加盖封严。

③操作人员应进行体检，患有眼病、皮肤病、气管炎、结核病者不宜从事此项作业。

（3）使用人字梯应遵守以下规定：

①高度2m以下作业（超过2m按规定搭设脚手架）使用的人字梯应四脚落地，摆放平稳，梯脚应设防滑橡皮垫和保险拉链。

②人字梯上搭铺脚手板，脚手板两端搭接长度不得少于20cm。脚手板中间不得同时两人操作，梯子挪动时，作业人员必须下来，严禁站在梯子上踩高跷式挪动。人字梯顶部铰轴不准站人、不准铺设脚手板。

③人字梯应经常检查，发现开裂、腐朽、榫头松动、缺挡等不得使用。

（4）使用喷灯应遵守以下规定：

①使用喷灯前应首先检查开关及零部件是否完好,喷嘴要畅通。

②喷灯加油不得超过容量的 4/5。

③每次打气不能过足。点火应选择在空旷处,喷嘴不得对人。气筒部分出现故障,应先熄灭喷灯,再行修理。

(5)外墙、外窗、外楼梯等高处作业时,应系好安全带。安全带应高挂低用,挂在牢靠处。油漆窗户时,严禁站在或骑在窗栏上操作,刷封沿板或水落管时,应利用脚手架或专用操作平台架上进行。

(6)刷坡度大于 25° 的铁皮层面时,应设置活动跳板、防护栏杆和安全网。

(7)刷耐酸、耐腐蚀的过氧乙烯涂料时,应戴防毒口罩。打磨砂纸时必须戴口罩。

(8)在室内或容器内喷涂,必须保持良好的通风。喷涂时严禁对着喷嘴察看。

(9)空气压缩机的压力表和安全阀必须灵敏有效。高压气管各种接头应牢固,修理料斗气管时应关闭气门,试喷时不准对人。

(10)喷涂人员作业时,如出现头痛、恶心、心闷和心悸等症状,应停止作业,到户外通风处换气。

二、现场施工安全操作基本规定

1. 杜绝"三违"现象

员工遵章守纪,是实现安全生产的基础。员工在生产过程中,不仅要有熟练的技术,而且必须自觉遵守各项操作规程和劳动纪律,远离"三违",即违章指挥、违章操作、违反劳动纪律。

（1）违章指挥。企业负责人和有关管理人员法制观念淡薄，缺乏安全知识，思想上存有侥幸心理，对国家、集体的财产和人民群众的生命安全不负责任。明知不符合安全生产有关条件，仍指挥作业人员冒险作业。

（2）违章作业。作业人员没有安全生产常识，不懂安全生产规章制度和操作规程，或者在知道基本安全知识的情况下，在作业过程中，违反安全生产规章制度和操作规程，不顾国家、集体的财产和他人、自己的生命安全，擅自作业，冒险蛮干。

（3）违反劳动纪律。上班时不知道劳动纪律，或者不遵守劳动纪律，违反劳动纪律进行冒险作业，造成不安全因素。

2. 牢记"三宝"和"四口、五临边"

（1）"三宝"指安全帽、安全带、安全网。安全帽、安全带、安全网是工人的三件宝，只有正确佩戴和使用，才可以保证个人安全。

（2）"四口"指楼梯口、电梯井口、预留洞口、通道口。"五临边"是指尚未安装栏杆的阳台周边、无外架防护的层面周边、框架工程楼层周边、上下跑道及斜道的两侧边、卸料平台的侧边。

"四口、五临边"是施工现场最危险和最容易发生事故的地方，因此对施工现场重要危险部位进行正确的防护，可以有效地减少事故发生，为工人作业提供一个安全的环境。

3. 做到"三不伤害"

"三不伤害"是指不伤害自己、不伤害他人、不被他人伤害。

施工现场每一个操作人员和管理人员都要增强自我保护意识，同时也要对安全生产自觉负起监督的责任，才能达到全员安全的目的。

施工时经常有上下层或者不同工种、不同队伍互相交叉作业的情况,要避免这时候发生危险。相互间协调好,上层作业时,要对作业区域围蔽,有人值守,防止人员进入作业区下方。此外落物伤人,也是工地经常发生的事故之一,进入施工现场,一定要戴好安全帽。作业过程中,观察周围,不伤害他人,也不被他人伤害,这是工地安全的基本原则。自己不违章,只能保证不伤害自己,不伤害别人。要做到不被别人伤害,就要及时制止他人违章。制止他人违章既保护了自己,也保护了他人。

4. 加强"三懂三会"能力

"三懂三会"即懂得本岗位和部门有什么火灾危险性,懂得灭火知识,懂得预防措施;会报火警,会使用灭火器材,会处理初起火灾。

5. 掌握"十项安全技术措施"

(1)按规定使用安全"三宝"。

(2)机械设备防护装置一定要齐全有效。

(3)塔吊等起重设备必须有限位保险装置,不准带病运转,不准超负荷作业,不准在运转中维修保养。

(4)架设电线线路必须符合当地电业局的规定,电气设备必须全部接零接地。

(5)电动机械和手持电动工具要设置漏电保护器。

(6)脚手架材料及脚手架的搭设必须符合规程要求。

(7)各种缆风绳及其设置必须符合规程要求。

(8)在建工程的楼梯口、电梯口、预留洞口、通道口,必须有防护设施。

(9)严禁赤脚或穿高跟鞋、拖鞋进入施工现场,高空作业不准穿硬底和带钉易滑的鞋靴。

(10)施工现场的悬崖、陡坎等危险地区应设警戒标志,夜间要设红灯示警。

6.施工现场行走或上下的"十不准"

(1)不准从正在起吊、运吊中的物件下通过。

(2)不准从高处往下跳或奔跑作业。

(3)不准在没有防护的外墙和外壁板等建筑物上行走。

(4)不准站在小推车等不稳定的物体上操作。

(5)不得攀登起重臂、绳索、脚手架、井字架、龙门架和随同运料的吊盘及吊装物上下。

(6)不准进入挂有"禁止出入"或设有危险警示标志的区域、场所。

(7)不准在重要的运输通道或上下行走通道上逗留。

(8)未经允许不准私自进入非本单位作业区域或管理区域,尤其是存有易燃、易爆物品的场所。

(9)严禁在无照明设施、无足够采光条件的区域、场所内行走、逗留。

(10)不准无关人员进入施工现场。

7.做到"十不盲目操作"

做到"十不盲目操作",是防止违章和事故的基本操作要求。

(1)新工人未经三级安全教育,复工换岗人员未经安全岗位教育,不盲目操作。

(2)特殊工种人员、机械操作工未经专门安全培训,无有效安全上岗操作证,不盲目操作。

（3）施工环境和作业对象情况不清，施工前无安全措施或作业安全交底不清，不盲目操作。

（4）新技术、新工艺、新设备、新材料、新岗位无安全措施，未进行安全培训教育、交底，不盲目操作。

（5）安全帽和作业所必需的个人防护用品不落实，不盲目操作。

（6）脚手、吊篮、塔吊、井字架、龙门架、外用电梯、起重机械、电焊机、钢筋机械、木工平刨、圆盘锯、搅拌机、打桩机等设施设备和现浇混凝土模板支撑、搭设安装后，未经验收合格，不盲目操作。

（7）作业场所安全防护措施不落实，安全隐患不排除，威胁人身和国家财产安全时，不盲目操作。

（8）凡上级或管理干部违章指挥，有冒险作业情况时，不盲目操作。

（9）高处作业、带电作业、禁火区作业、易燃易爆作业、爆破性作业、有中毒或窒息危险的作业和科研实验等其他危险作业的，均应由上级指派，并经安全交底；未经指派批准、未经安全交底和无安全防护措施，不盲目操作。

（10）隐患未排除，有自己伤害自己、自己伤害他人、自己被他人伤害的不安全因素存在时，不盲目操作。

8."防止坠落和物体打击"的十项安全要求

（1）高处作业人员必须着装整齐，严禁穿硬塑料底等易滑鞋、高跟鞋，工具应随手放入工具袋中。

（2）高处作业人员严禁相互打闹，以免失足发生坠落事故。

（3）在进行攀登作业时，攀登用具结构必须牢固可靠，使用必须正确。

（4）各类手持机具使用前应检查，确保安全牢靠。洞口临边作业应防止物件坠落。

（5）施工人员应从规定的通道上下，不得攀爬脚手架、跨越阳台，不得在非规定通道进行攀登、行走。

（6）进行悬空作业时，应有牢靠的立足点并正确系挂安全带；现场应视具体情况配置防护栏网、栏杆或其他安全设施。

（7）高处作业时，所有物料应该堆放平稳，不可放置在临边或洞口附近，且不可妨碍通行。

（8）高处拆除作业时，对拆卸下的物料、建筑垃圾都要加以清理和及时运走，不得在走道上任意乱置或向下丢弃，保持作业走道畅通。

（9）高处作业时，不准往下或向上乱抛材料和工具等物件。

（10）各施工作业场所内，凡有坠落可能的任何物料，都应先行撤除或加以固定，拆卸作业要在设有禁区、有人监护的条件下进行。

9. 防止机械伤害的"一禁、二必须、三定、四不准"

（1）一禁。不懂电器和机械的人员严禁使用和摆弄机电设备。

（2）二必须。

①机电设备应完好，必须有可靠有效的安全防护装置。

②机电设备停电、停工休息时必须拉闸关机，按要求上锁。

（3）三定。

①机电设备应做到定人操作，定人保养、检查。

②机电设备应做到定机管理、定期保养。

③机电设备应做到定岗位和岗位职责。

（4）四不准。

①机电设备不准带病运转。

②机电设备不准超负荷运转。

③机电设备不准在运转时维修保养。

④机电设备运行时，操作人员不准将头、手、身伸入运转的机械行程范围内。

10. "防止车辆伤害"的十项安全要求

(1)未经劳动、公安交通部门培训合格的持证人员，不熟悉车辆性能者不得驾驶车辆。

(2)应坚持做好例保工作，车辆制动器、喇叭、转向系统、灯光等影响安全的部件如作用不良，不准出车。

(3)严禁翻斗车、自卸车的车厢乘人，严禁人货混装，车辆载货应不超载、超高、超宽，捆扎应牢固可靠，应防止车内物体失稳跌落伤人。

(4)乘坐车辆应坐在安全处，头、手、身不得露出车厢外，要避免车辆启动制动时跌倒。

(5)车辆进出施工现场，在场内掉头、倒车，在狭窄场地行驶时应有专人指挥。

(6)现场行车进场要减速，并做到"四慢"，即道路情况不明要慢，线路不良要慢，起步、会车、停车要慢，在狭路、桥梁弯路、坡路、叉道、行人拥挤地点及出入大门时要慢。

(7)临近机动车道的作业区和脚手架等设施以及道路中的路障，应加设安全色标、安全标志和防护措施，并要确保夜间有充足的照明。

(8)装卸车作业时，若车辆停在坡道上，应在车轮两侧用楔形木块加以固定。

(9)人员在场内机动车道应避免右侧行走，并做到不平排结队有碍交通；避让车辆时，应不避让于两车交会之中，不站于旁有堆物无法退让的死角。

(10)机动车辆不得牵引无制动装置的车辆,牵引物体时物体上不得有人,人不得进入正在牵引的物与车之间,坡道上牵引时,车和被牵引物下方不得有人作业和停留。

11."防止触电伤害"的十项安全操作要求

根据安全用电"装得安全、拆得彻底、用得正确、修得及时"的基本要求,为防止触电伤害的操作要求有:

(1)非电工严禁拆接电气线路、插头、插座、电气设备、电灯等。

(2)使用电气设备前必须检查线路、插头、插座、漏电保护装置是否完好。

(3)电气线路或机具发生故障时,应找电工处理,非电工不得自行修理或排除故障。

(4)使用振捣器等手持电动机械和其他电动机械从事湿作业时,要由电工接好电源,安装上漏电保护器,操作者必须穿戴好绝缘鞋、绝缘手套后再进行作业。

(5)搬迁或移动电气设备必须先切断电源。

(6)搬运钢筋、钢管及其他金属物时,严禁触碰到电线。

(7)禁止在电线上挂晒物料。

(8)禁止使用照明器烘烤、取暖,禁止擅自使用电炉和其他电加热器。

(9)在架空输电线路附近工作时,应停止输电,不能停电时,应有隔离措施,要保持安全距离,防止触碰。

(10)电线必须架空,不得在地面、施工楼面随意乱拖,若必须通过地面、楼面时,应有过路保护,物料、车、人不准压踏碾磨电线。

12. 施工现场防火安全规定

（1）施工现场要有明显的防火宣传标志。

（2）施工现场必须设置临时消防车道。其宽度不得小于3.5m，并保证临时消防车道的畅通，禁止在临时消防车道上堆物、堆料或挤占临时消防车道。

（3）施工现场必须配备消防器材，做到布局合理。要害部位应配备不少于4具的灭火器，要有明显的防火标志，并经常检查、维护、保养，保证灭火器材灵敏有效。

（4）施工现场消火栓应布局合理，消防干管直径不小于100mm，消火栓处昼夜要设有明显标志，配备足够的水龙带，周围3m内不准存放物品。地下消火栓必须符合防火规范。

（5）高度超过24m的建筑工程，应安装临时消防竖管。管径不得小于75mm，每层设消火栓口，配备足够的水龙带。消防水要保证足够的水源和水压，严禁消防竖管作为施工用水管线。消防泵房应使用非燃材料建造，位置设置合理，便于操作，并设专人管理，保证消防供水。消防泵的专用配电线路应引自施工现场总断路器的上端，要保证连续不间断供电。

（6）电焊工、气焊工从事电气设备安装的电焊、气焊切割作业，要有操作证和用火证。用火前，要对易燃、可燃物采取清除、隔离等措施，配备看火人员和灭火器具，作业后必须确认无火源隐患后方可离去。用火证当日有效。用火地点变换，要重新办理用火证手续。

（7）氧气瓶、乙炔瓶工作间距不小于5m，两瓶与明火作业距离不小于10m。建筑工程内禁止氧气瓶、乙炔瓶存放，禁止使用液化石油气"钢瓶"。

（8）施工现场使用的电气设备必须符合防火要求。临时用电必须安装过载保护装置,电闸箱内不准使用易燃、可燃材料。严禁超负荷使用电气设备。

(9)施工材料的存放、使用应符合防火要求。库房应采用非燃材料支搭,易燃易爆物品应专库储存,分类单独存放,保持通风,用电符合防火规定。不准在工程内、库房内调配油漆、烯料。

(10)工程内部不准作为仓库使用,不准存放易燃、可燃材料,因施工需要进入工程内部的可燃材料,要根据工程计划限量进入并采取可靠的防火措施。废弃材料应及时消除。

(11)施工现场使用的安全网、密目式安全网、密目式防尘网、保温材料,必须符合消防安全规定,不得使用易燃、可燃材料。

(12)施工现场严禁吸烟,不得在建筑工程内部设置宿舍。

(13)施工现场和生活区,未经有关部门批准不得使用电热器具。严禁工程中明火保温施工及宿舍内明火取暖。

(14)从事油漆粉刷或防水等有毒及易燃危险作业时,要有具体的防火要求,必要时派专人看护。

(15)生活区的设置必须符合消防管理规定。严禁使用可燃材料搭设,宿舍内不得卧床吸烟,房间内住 20 人以上必须设置不少于 2 处的安全门,居住 100 人以上,要有消防安全通道及人员疏散预案。

(16)生活区的用电要符合防火规定。食堂使用的燃料必须符合使用规定,用火点和燃料不能在同一房间内,使用时要有专人管理,停火时将总开关关闭,经常检查有无泄漏。

三、高处作业安全知识

1. 高处作业的一般施工安全规定和技术措施

按照《高处作业分级》(GB/T 3608—2008)规定:凡在坠落

高度基准面 2m 以上(含 2m)的可能坠落的高处所进行的作业，都称为高处作业。

在施工现场高处作业中，如果未防护、防护不好或作业不当都可能发生人或物的坠落。人从高处坠落的事故，称为高处坠落事故。物体从高处坠落砸着下面人的事故，称为物体打击事故。建筑施工中的高处作业主要包括临边、洞口、攀登、悬空、交叉作业等类型，这些是高处作业伤亡事故可能发生的主要地点。

高处作业时的安全措施有设置防护栏杆，孔洞加盖，安装安全防护门，满挂安全平立网，必要时设置安全防护棚等。

(1)施工前，应逐级进行安全技术教育及交底，落实所有安全技术措施和个人防护用品，未经落实时不得进行施工。

(2)高处作业中的安全标志、工具、仪表、电气设施和各种设备，必须在施工前加以检查，确认其完好，方能投入使用。

(3)悬空、攀登高处作业以及搭设高处安全设施的人员必须按照国家有关规定，经过专门的安全作业培训，并取得特种作业操作资格证书后，方可上岗作业。

(4)从事高处作业的人员必须定期进行身体检查，诊断患有心脏病、贫血、高血压、癫痫病、恐高症及其他不适宜高处作业的疾病时，不得从事高处作业。

(5)高处作业人员应头戴安全帽，身穿紧口工作服，脚穿防滑鞋，腰系安全带。

(6)高处作业场所有坠落可能的物体，应一律先行撤除或予以固定。所用物件均应堆放平稳，不妨碍通行和装卸。工具应随手放入工具袋，拆卸下的物件及余料和废料均应及时清理运走，清理时应采用传递或系绳提溜方式，禁止抛掷。

(7)遇有六级以上强风、浓雾和大雨等恶劣天气，不得进行露天悬空与攀登高处作业。台风暴雨后，应对高处作业安全设施逐一检查,发现有松动、变形、损坏或脱落、漏雨、漏电等现象,应立即修理完善或重新设置。

(8)所有安全防护设施和安全标志等,任何人都不得损坏或擅自移动和拆除。因作业必须临时拆除或变动安全防护设施、安全标志时,必须经有关施工负责人同意,并采取相应的可靠措施,作业完毕后立即恢复。

(9)施工中对高处作业的安全技术设施发现有缺陷和隐患时,必须立即报告,及时解决。危及人身安全时,必须立即停止作业。

2. 高处作业的基本安全技术措施

(1)凡是临边作业,都要在临边处设置防护栏杆,一般上杆离地面高度为 1.0~1.2m,下杆离地面高度为 0.5~0.6m;防护栏杆必须自上而下用安全网封闭,或在栏杆下边设置严密固定的高度不低于 18cm 的挡脚板或 40cm 的挡脚竹笆。

(2)对于洞口作业,可根据具体情况采取设防护栏杆、加盖板、张挂安全网与装栅门等措施。

(3)进行攀登作业时,作业人员要从规定的通道上下,不能在阳台之间等非规定通道进行攀登,也不得任意利用吊车车臂架等施工设备进行攀登。

(4)进行悬空作业时,要设有牢靠的作业立足处,并视具体情况设防护栏杆,搭设架手架、操作平台,使用马凳,张挂安全网或其他安全措施;作业所用索具、脚手板、吊篮、吊笼、平台等设备,均需经技术鉴定方能使用。

(5)进行交叉作业时,注意不得在上下同一垂直方向上操作,下层作业的位置必须处于依上层高度确定的可能坠落范围之外。不符合以上条件时,必须设置安全防护层。

(6)结构施工自二层起,凡人员进出的通道口(包括井架、施工电梯的进出口),均应搭设安全防护棚。高度超过 24m 时,防护棚应设双层。

(7)建筑施工进行高处作业之前,应进行安全防护设施的检查和验收。验收合格后,方可进行高处作业。

3. 高处作业安全防护用品使用常识

由于建筑行业的特殊性,高处作业中发生高处坠落、物体打击事故的比例最大。要避免伤亡事故,作业人员必须正确佩戴安全帽,调好帽箍,系好帽带;正确使用安全带,高挂低用;按规定架设安全网。

(1)安全帽。对人体头部受外力伤害(如物体打击)起防护作用的帽子。使用时要注意:

①选用经有关部门检验合格,其上有"安鉴"标志的安全帽。

②使用安全帽前先检查外壳是否破损,有无合格帽衬,帽带是否齐全,如果不符合要求则立即更换。

③调整好帽箍、帽衬(4～5cm),系好帽带。

(2)安全带。高处作业人员预防坠落伤亡的防护用品。使用时要注意:

①选用经有关部门检验合格的安全带,并保证在使用有效期内。

②安全带严禁打结、续接。

③使用中,要可靠地挂在牢固的地方,高挂低用,且要防止摆动,避免明火和刺割。

④2m 以上的悬空作业,必须使用安全带。

⑤在无法直接挂设安全带的地方,应设置挂安全带的安全拉绳、安全栏杆等。

（3）安全网。用来防止人、物坠落或用来避免、减轻坠落及物体打击伤害的网具。使用时要注意：

①要选用有合格证的安全网；在使用时，必须按规定到有关部门检测、检验合格，方可使用。

②安全网若有破损、老化，应及时更换。

③安全网与架体连接不宜绷得太紧，系结点要沿边分布均匀、绑牢。

④立网不得作为平网使用。

⑤立网必须选用密目式安全网。

四、脚手架作业安全技术常识

1. 脚手架的作用及常用架型

脚手架的搭设、拆除作业属悬空、攀登高处作业，其作业人员必须按照国家有关规定经过专门的安全作业培训，并取得特种作业操作资格证书后，方可上岗作业。其他无资格证书的作业人员只能做一些辅助工作，严禁悬空、登高作业。

脚手架的主要作用是在高处作业时供堆料、短距离水平运输及作业人员在上面进行施工作业。高处作业的五种基本类型的安全隐患在脚手架上作业中都会发生。

脚手架应满足以下基本要求：

（1）要有足够的牢固性和稳定性，保证施工期间在所规定的荷载和气候条件下，不产生变形、倾斜和摇晃。

（2）要有足够的使用面积，满足堆料、运输、操作和行走的要求。

（3）构造要简单，搭设、拆除和搬运要方便。

常用脚手架有扣件式钢管脚手架、门型钢管脚手架、碗扣式钢管架等。此外还有附着升降脚手架、吊篮式脚手架、挂式脚手架等。

2.脚手架作业一般安全技术常识

(1)每项脚手架工程都要有经批准的施工方案并严格按照此方案搭设和拆除,作业前必须组织全体作业人员熟悉施工和作业要求,进行安全技术交底。班组长要带领作业人员对施工作业环境及所需工具、安全防护设施等进行检查,消除隐患后方可作业。

(2)脚手架要结合工程进度搭设,结构施工时脚手架要始终高出作业面一步架,但不宜一次搭得过高。未完成的脚手架,作业人员离开作业岗位(休息或下班)时,不得留有未固定的构件,并应保证架子稳定。

脚手架要经验收签字后方可使用。分段搭设时应分段验收。在使用过程中要定期检查,较长时间停用、台风或暴雨过后使用前要进行检查加固。

(3)落地式脚手架基础必须坚实,若是回填土,必须平整夯实,并做好排水措施,以防止地基沉陷引起架子沉降、变形、倒塌。当基础不能满足要求时,可采取挑、吊、撑等技术措施,将荷载分段卸到建筑物上。

(4)设计搭设高度较小(15m以下)时,可采用抛撑;当设计高度较大时,采用既抗拉又抗压的连墙点(根据规范用柔性或刚性连墙点)。

(5)施工作业层的脚手板要满铺、牢固,离墙间隙不大于15cm,并不得出现探头板;在架子外侧四周设1.2m高的防护栏杆及18cm的挡脚板,且在作业层下装设安全平网;架体外排立杆内侧挂设密目式安全立网。

(6)脚手架出入口须设置规范的通道口防护棚;外侧临街或高层建筑脚手架,其外侧应设置双层安全防护棚。

(7)架子使用中,通常架上的均布荷载,不应超过规范规定。人员、材料不要太集中。

(8)在防雷保护范围之外,应按规定安装防雷保护装置。

(9)脚手架拆除时,应设警戒区和醒目标志,有专人负责警戒;架体上的材料、杂物等应消除干净;架体若有松动或危险的部位,应予以先行加固,再进行拆除。

(10)拆除顺序应遵循"自上而下,后装的构件先拆,先装的后拆,一步一清"的原则,依次进行。不得上下同时拆除作业,严禁用踏步式、分段、分立面拆除法。

(11)拆下来的杆件、脚手板、安全网等应用运输设备运至地面,严禁从高处向下抛掷。

五、施工现场临时用电安全知识

1. 现场临时用电安全基本原则

(1)建筑施工现场的电工、电焊工属于特种作业工种,必须按国家有关规定经专门安全作业培训,取得特种作业操作资格证书,方可上岗作业。其他人员不得从事电气设备及电气线路的安装、维修和拆除。

(2)建筑施工现场必须采用 TN-S 接零保护系统,即具有专用保护零线(PE线)、电源中性点直接接地的 220/380V 三相五线制系统。

(3)建筑施工现场必须按"三级配电二级保护"设置。

(4)施工现场的用电设备必须实行"一机、一闸、一漏、一箱"制,即每台用电设备必须有自己专用的开关箱,专用开关箱内必须设置独立的隔离开关和漏电保护器。

（5）严禁在高压线下方搭设临建、堆放材料和进行施工作业；在高压线一侧作业时，必须保持至少 6m 的水平距离，达不到上述距离时，必须采取隔离防护措施。

（6）在宿舍工棚、仓库、办公室内，严禁使用电饭煲、电水壶、电炉、电热杯等较大功率电器。如需使用，应由项目部安排专业电工在指定地点安装，可使用较高功率电器的电气线路和控制器。严禁使用不符合安全要求的电炉、电热棒等。

（7）严禁在宿舍内乱拉、乱接电源，非专职电工不准乱接或更换熔丝，不准以其他金属丝代替熔丝（保险丝）。

（8）严禁在电线上晾衣服和挂其他东西等。

（9）搬运较长的金属物体，如钢筋、钢管等材料时，应注意不要碰触到电线。

（10）在临近输电线路的建筑物上作业时，不能随便往下扔金属类杂物；更不能触摸、拉动电线或与电线接触的钢丝和电杆的拉线。

（11）移动金属梯子和操作平台时，要观察高处输电线路与移动物体的距离，确认有足够的安全距离，再进行作业。

（12）在地面或楼面上运送材料时，不要踏在电线上；停放手推车，堆放钢模板、跳板、钢筋时，不要压在电线上。

（13）移动有电源线的机械设备，如电焊机、水泵、小型木工机械等，必须先切断电源，不能带电搬动。

（14）当发现电线坠地或设备漏电时，切不可随意跑动和触摸金属物体，并应保持 10m 以上距离。

2. 安全电压

安全电压是为防止触电事故而采用的 50V 以下特定电源

供电的电压系列,分为 42V、36V、24V、12V 和 6V 五个等级,根据不同的作业条件,选用不同的安全电压等级。建筑施工现场常用的安全电压有 12V、24V、36V。

以下特殊场所必须采用安全电压照明供电:

(1)室内灯具离地面低于 2.4m、手持照明灯具、一般潮湿作业场所(地下室、潮湿室内、潮湿楼梯、隧道、人防工程以及有高温、导电灰尘等)的照明,电源电压应不大于 36V。

(2)潮湿和易触及带电体场所的照明电源电压,应不大于 24V。

(3)在特别潮湿的场所、锅炉或金属容器内、导电良好的地面使用手持照明灯具等,照明电源电压不得大于 12V。

3. 电线的相色

(1)正确识别电线的相色。

电源线路可分为工作相线(火线)、专用工作零线和专用保护零线。一般情况下,工作相线(火线)带电危险,专用工作零线和专用保护零线不带电(但在不正常情况下,工作零线也可以带电)。

(2)相色规定。

一般相线(火线)分为 A、B、C 三相,分别为黄色、绿色、红色;工作零线为黑色;专用保护零线为黄绿双色线。

严禁用黄绿双色、黑色、蓝色线充当相线,也严禁用黄色、绿色、红色线作为工作零线和保护零线。

4. 插座的使用

要正确使用与安装插座。

(1)插座分类。

常用的插座分为单相双孔、单相三孔和三相三孔、三相四孔等。

（2）选用与安装接线。

①三孔插座应选用"品字形"结构，不应选用等边三角形排列的结构，因为后者容易发生三孔互换，造成触电事故。

②插座在电箱中安装时，必须首先固定安装在安装板上，接地极与箱体一起作可靠的 PE 保护。

③三孔或四孔插座的接地孔（较粗的一个孔），必须置于顶部位置，不可倒置，两孔插座应水平并列安装，不准垂直并列安装。

④插座接线要求：对于两孔插座，左孔接零线，右孔接相线；对于三孔插座，左孔接零线，右孔接相线，上孔接保护零线；对于四孔插座，上孔接保护零线，其他三孔分别接 A、B、C 三根相线。

▶ 5. "用电示警"标志

正确识别"用电示警"标志或标牌，不得随意靠近、随意损坏和挪动标牌（表3-1）。进入施工现场的每个人都必须认真遵守用电管理规定，见到用电示警标志或标牌时，不得随意靠近，更不准随意损坏、挪动标牌。

表 3-1　　　　　　　　用电示警标志分类和使用

分类　　　　使用	颜色	使用场所
常用电力标志	红色	配电房、发电机房、变压器等重要场所
高压示警标志	字体为黑色，箭头和边框为红色	需高压示警场所
配电房示警标志	字体为红色，边框为黑色（或字与边框交换颜色）	配电房或发电机房

续表

使用 分类	颜色	使用场所
维护检修示警标志	底为红色,字为白色(或字为红色,底为白色,边框为黑色)	维护检修时相关场所
其他用电示警标志	箭头为红色,边框为黑色,字为红色或黑色	其他一般用电场所

6. 电气线路的安全技术措施

(1)施工现场电气线路全部采用"三相五线制"(TN-S 系统)专用保护接零(PE 线)系统供电。

(2)施工现场架空线采用绝缘铜线。

(3)架空线设在专用电杆上,严禁架设在树木、脚手架上。

(4)导线与地面保持足够的安全距离。

导线与地面最小垂直距离:施工现场应不小于 4m;机动车道应不小于 6m;铁路轨道应不小于 7.5m。

(5)无法保证规定的电气安全距离时,必须采取防护措施。

如果由于在建工程位置限制而无法保证规定的电气安全距离,必须采取设置防护性遮拦、栅栏,悬挂警告标志牌等防护措施,发生高压线断线落地时,非检修人员要远离落地处 10m 以外,以防跨步电压危害。

(6)为了防止设备外壳带电发生触电事故,设备应采用保护接零,并安装漏电保护器等措施。作业人员要经常检查保护零线连接是否牢固可靠,漏电保护器是否有效。

(7)在电箱等用电危险地方,挂设安全警示牌。如"有电危险""禁止合闸,有人工作"等。

▶ 7. 照明用电的安全技术措施

施工现场临时照明用电的安全要求如下：

(1)临时照明线路必须使用绝缘导线。户内(工棚)临时线路的导线必须安装在离地 2m 以上的支架上；户外临时线路必须安装在离地 2.5m 以上的支架上，零星照明线不允许使用花线，一般应使用软电缆线。

(2)建设工程的照明灯具宜采用拉线开关。拉线开关距地面高度为 2～3m，与出口、入口的水平距离为 0.15～0.2m。

(3)严禁在床头设立开关和插座。

(4)电器、灯具的相线必须经过开关控制。

不得将相线直接引入灯具，也不允许以电气插头代替开关来分合电路，室外灯具距地面不得低于 3m；室内灯具不得低于 2.4m。

(5)使用手持照明灯具(行灯)应符合一定的要求：

①电源电压不超过 36V。

②灯体与手柄应坚固，绝缘良好，并耐热防潮湿。

③灯头与灯体结合牢固。

④灯泡外部要有金属保护网。

⑤金属网、反光罩、悬吊挂钩应固定在灯具的绝缘部位上。

(6)照明系统中每一单相回路上，灯具和插座数量不宜超过 25 个，并应装设熔断电流为 15A 以下的熔断保护器。

▶ 8. 配电箱与开关箱的安全技术措施

施工现场临时用电一般采用三级配电方式，即总配电箱(或配电室)，下设分配电箱，再以下设开关箱，开关箱以下就是用电设备。

配电箱和开关箱的使用安全要求如下:

(1)配电箱、开关箱的箱体材料,一般应选用钢板,亦可选用绝缘板,但不宜选用木质材料。

(2)配电箱、开关箱应安装端正、牢固,不得倒置、歪斜。

固定式配电箱、开关箱的下底与地面垂直距离应大于或等于 1.3m 且小于或等于 1.5m;移动式配电箱、开关箱的下底与地面的垂直距离应大于或等于 0.6m 且小于或等于 1.5m。

(3)进入开关箱的电源线,严禁用插销连接。

(4)电箱之间的距离不宜太远。

配电箱与开关箱的距离不得超过 30m。开关箱与固定式用电设备的水平距离不宜超过 3m。

(5)每台用电设备应有各自专用的开关箱,且必须满足"一机、一闸、一漏、一箱"的要求,严禁用同一个开关电器直接控制两台及两台以上用电设备(含插座)。

开关箱中必须设漏电保护器,其额定漏电动作电流应不大于 30mA,漏电动作时间应不大于 0.1s。

(6)所有配电箱门应配锁,不得在配电箱和开关箱内挂接或插接其他临时用电设备,开关箱内严禁放置杂物。

(7)配电箱、开关箱的接线应由电工操作,非电工人员不得乱接。

9. 配电箱和开关箱的使用要求

(1)在停电、送电时,配电箱、开关箱之间应遵守合理的操作顺序。

送电操作顺序:总配电箱→分配电箱→开关箱。

断电操作顺序:开关箱→分配电箱→总配电箱。

正常情况下,停电时首先分断自动开关,然后分断隔离开关;送电时先合隔离开关,后合自动开关。

(2)使用配电箱、开关箱时,操作者应接受岗前培训,熟悉所使用设备的电气性能和掌握有关开关的正确操作方法。

(3)及时检查、维修,更换熔断器的熔丝必须用原规格的熔丝,严禁用铜线、铁线代替。

(4)配电箱的工作环境应经常保持设置时的要求,不得在其周围堆放任何杂物,保持必要的操作空间和通道。

(5)维修机器停电作业时,要与电源负责人联系停电,要悬挂警示标志,卸下保险丝,锁上开关箱。

🔊 10.手持电动机具的安全使用要求

(1)一般场所应选用Ⅰ类手持式电动工具,并应装设额定漏电动作电流不大于 15mA、额定漏电动作时间小于 0.1s 的漏电保护器。

(2)在露天、潮湿场所或金属构架上操作时,必须选用Ⅱ类手持式电动工具,并装设漏电保护器,严禁使用Ⅰ类手持式电动工具。

(3)负荷线必须采用耐用的橡皮护套铜芯软电缆。

单相用三芯(其中一芯为保护零线)电缆;三相用四芯(其中一芯为保护零线)电缆;电缆不得有破损或老化现象,中间不得有接头。

(4)手持电动工具应配备装有专用的电源开关和漏电保护器的开关箱,严禁一台开关接两台以上设备,其电源开关应采用双刀控制。

(5)手持电动工具开关箱内应采用插座连接,其插头、插座应无损坏、无裂纹,且绝缘良好。

(6)使用手持电动工具前,必须检查外壳、手柄、负荷线、插头等是否完好无损,接线是否正确(防止相线与零线错接);发现工具外壳、手柄破裂,应立即停止使用并进行更换。

(7)非专职人员不得擅自拆卸和修理工具。

(8)作业人员使用手持电动工具时,应穿绝缘鞋,戴绝缘手套,操作时握其手柄,不得利用电缆提拉。

(9)长期搁置不用或受潮的工具在使用前应由电工测量绝缘阻值是否符合要求。

11. 触电事故及原因分析

(1)缺乏电气安全知识,自我保护意识淡薄。

电气设施安装或接线不是由专业电工操作,而是由非专业人员安装。安装人又无基本的电气安全知识,装设不符合电气基本要求,造成意外的触电事故。发生这种触电事故的原因都是缺乏电气安全知识,无自我保护意识。

(2)违反安全操作规程。

施工现场中,有人图方便,不用插头,在电箱乱拉乱接电线。还有人在宿舍私自拉接电线照明,在床上接音响设备、电风扇,有的甚至烧水、做饭等,极易造成触电事故。也有人凭经验用手去试探电器是否带电或不采取安全措施带电作业,或带着侥幸心理,在带电体(如高压线)周围,不采取任何安全措施,违章作业,造成触电事故等。

(3)不使用"TN-S"接零保护系统。

有的工地未使用"TN-S"接零保护系统,或者未按要求连接专用保护接零线,无有效地安全保护系统。不按"三级配电二级保护""一机、一闸、一漏、一箱"设置,造成工地用电使用混乱,易造成误操作,并且在触电时,使得安全保护系统未起可靠的安全保护效果。

（4）电气设备安装不合格。

电气设备安装必须遵守安全技术规定，否则由于安装错误，当人身接触带电部分时，就会造成触电事故。如电线高度不符合安全要求，太低，架空线乱拉、乱扯，有的还将电线拴在脚手架上，导线的接头只用老化的绝缘布包上，以及电气设备没有做保护接地、保护接零等，一旦漏电就会发生严重触电事故。

（5）电气设备缺乏正常检修和维护。

由于电气设备长期使用，易出现电气绝缘老化、导线裸露、胶盖刀闸胶木破损、插座盖子损坏等。如不及时检修，一旦漏电，将造成严重后果。

（6）偶然因素。

电力线被风刮断，导线接触地面引起跨步电压，当人走近该地区时就会发生触电事故。

六、起重吊装机械安全操作常识

1. 基本要求

塔式起重机、施工电梯、物料提升机等施工起重机械的操作（也称为司机）、指挥、司索等作业人员属特种作业，必须按国家有关规定经专门安全作业培训，取得特种作业操作资格证书，方可上岗作业。

施工起重机械（也称垂直运输设备）必须由有相应的制造（生产）许可证的企业生产，并有出厂合格证。其安装、拆除、加高及附墙施工作业，必须由有相应作业资格的队伍作业，作业人员必须按国家有关规定经专门安全作业培训，取得特种作业操作资格证书，方可上岗作业。其他非专业人员不得上岗作业。安装、拆卸、加高及附墙施工作业前，必须有经审批、审查的施工方案,并进行方案及安全技术交底。

2.塔式起重机使用安全常识

(1)起重机"十不吊"。

①起重臂和吊起的重物下面有人停留或行走不准吊。

②起重指挥应由技术培训合格的专职人员担任,无指挥或信号不清不准吊。

③钢筋、型钢、管材等细长和多根物件必须捆扎牢靠,多点起吊。单头"千斤"或捆扎不牢靠不准吊。

④多孔板、积灰斗、手推翻斗车不用四点吊或大模板外挂板不用卸甲不准吊。预制钢筋混凝土楼板不准双拼吊。

⑤吊砌块必须使用安全可靠的砌块夹具,吊砖必须使用砖笼,并堆放整齐。木砖、预埋件等零星物件要用盛器堆放稳妥,叠放不齐不准吊。

⑥楼板、大梁等吊物上站人不准吊。

⑦埋入地下的板桩、井点管等以及粘连、附着的物件不准吊。

⑧多机作业,应保证所吊重物距离不小于 3m,在同一轨道上多机作业,无安全措施不准吊。

⑨六级以上强风不准吊。

⑩斜拉重物或超过机械允许荷载不准吊。

(2)塔式起重机吊运作业区域内严禁无关人员入内,起吊物下方不准站人。

(3)司机(操作)、指挥、司索等工种应按有关要求配备,其他人员不得作业。

(4)六级以上强风不准吊运物件。

(5)作业人员必须听从指挥人员的指挥,吊物起吊前作业人员应撤离。

(6)吊物的捆绑要求。

①吊运物件时,应清楚重量,吊运点及绑扎应牢固可靠。

②吊运散件物时,应用铁制合格料斗,料斗上应设有专用的牢固的吊装点;料斗内装物高度不得超过料斗上口边,散粒状的轻浮易撒物盛装高度应低于上口边线 10cm。

③吊运长条状物品(如钢筋、长条状木方等),所吊物件应在物品上选择两个均匀、平衡的吊点,绑扎牢固。

④吊运有棱角、锐边的物品时,钢丝绳绑扎处应做好防护措施。

3. 施工电梯使用安全常识

施工电梯也称外用电梯,也有称为(人、货两用)施工升降机,是施工现场垂直运输人员和材料的主要机械设备。

(1)施工电梯投入使用前,应在首层搭设出入口防护棚,防护棚应符合有关高处作业规范。

(2)电梯在大雨、大雾、六级以上大风以及导轨架、电缆等结冰时,必须停止使用,并将梯笼降到底层,切断电源。暴风雨后,应对电梯各安全装置进行一次检查,确认正常,方可使用。

(3)电梯底笼周围 2.5m 范围,应设置防护栏杆。

(4)电梯各出料口运输平台应平整牢固,还应安装牢固可靠的栏杆和安全门,使用时安全门应保持关闭。

(5)电梯使用应有明确的联络信号,禁止用敲打、呼叫等方式联络。

(6)乘坐电梯时,应先关好安全门,再关好梯笼门,方可启动电梯。

(7)梯笼内乘人或载物时,应使载荷均匀分布,不得偏重;严禁超载运行。

(8)等候电梯时,应站在建筑物内,不得聚集在通道平台上,也不得将头手伸出栏杆和安全门外。

(9)电梯每班首次载重运行时,当梯笼升离地面 1～2m 时,应停机试验制动器的可靠性;当发现制动效果不良时,应调整或修复后方可投入使用。

(10)操作人员应根据指挥信号操作。作业前应鸣声示意。在电梯未切断总电源开关前,操作人员不得离开操作岗位。

(11)施工电梯发生故障的处理。

①当运行中发现异常情况时,应立即停机并采取有效措施,将梯笼降到底层,排除故障后方可继续运行。

②在运行中发现电梯失控时,应立即按下急停按钮;在未排除故障前,不得打开急停按钮。

③在运行中发现制动器失灵时,可将梯笼开至底层维修;或者让其下滑防坠安全器制动。

④在运行中发现故障时,不要惊慌,电梯的安全装置将提供可靠的保护;应听从专业人员的安排,或等待修复,或听从专业人员的指挥撤离。

(12)作业后,应将梯笼降到底层,各控制开关拨到零位,切断电源,锁好开关箱,闭锁梯笼门和围护门。

4. 物料提升机使用安全常识

物料提升机有龙门架、井字架式的,也有的称为(货用)施工升降机,是施工现场物料垂直运输的主要机械设备。

(1)物料提升机用于运载物料,严禁载人上下;装卸料人员、维修人员必须在安全装置可靠或采取了可靠的措施后,方可进入吊笼内作业。

（2）物料提升机进料口必须加装安全防护门，并按高处作业规范搭设防护棚，并设安全通道，防止从棚外进入架体中。

（3）物料提升机在运行时，严禁对设备进行保养、维修，任何人不得攀登架体或从架体内穿过。

（4）运载物料的要求。

①运送散料时，应使用料斗装载，并放置平稳；使用手推斗车装置于吊笼时，必须将手推斗车平稳并制动放置，注意车把手及车不能伸出吊笼。

②运送长料时，物料不得超出吊笼；物料立放时，应捆绑牢固。

③物料装载时，应均匀分布，不得偏重，严禁超载运行。

（5）物料提升机的架体应有附墙或缆风绳，并应牢固可靠，符合说明书和规范的要求。

（6）物料提升机的架体外侧应用小网眼安全网封闭，防止物料在运行时坠落。

（7）禁止在物料提升机架体上进行焊接、切割或者钻孔等作业，防止损伤架体的任何构件。

（8）出料口平台应牢固可靠，并应安装防护栏杆和安全门。运行时安全门应保持关闭。

（9）吊笼上应有安全门，防止物料坠落；并且安全门应与安全停靠装置联锁。安全停靠装置应灵敏可靠。

（10）楼层安全防护门应有电气或机械锁装置，在安全门未可靠关闭时，禁止吊笼运行。

（11）作业人员等待吊笼时，应在建筑物内或者平台内距安全门1m以外处等待。严禁将头、手伸出栏杆或安全门。

（12）进出料口应安装明确的联络信号，高架提升机还应有可视系统。

5.起重吊装作业安全常识

起重吊装是指建筑工程中,采用相应的机械设备和设施来完成结构吊装和设施安装,属于危险作业,作业环境复杂,技术难度大。

（1）作业前应根据作业特点编制专项施工方案,并对参加作业人员进行方案和安全技术交底。

（2）作业时周边应设置警戒区域,设置醒目的警示标志,防止无关人员进入;特别危险处应设监护人员。

（3）起重吊装作业大多数作业点都必须由专业技术人员作业;属于特种作业的人员必须按国家有关规定经专门安全作业培训,取得特种作业操作资格证书,方可上岗作业。

（4）作业人员应根据现场作业条件选择安全的位置作业。在卷扬机与地滑轮穿越钢丝绳的区域,禁止人员站立和通行。

（5）吊装过程必须设有专人指挥,其他人员必须服从指挥。起重指挥不能兼作其他工种,并应确保起重司机清晰准确地听到指挥信号。

（6）作业过程必须遵守起重机"十不吊"原则。

（7）被吊物的捆绑要求,按塔式起重机被吊物捆绑作业要求。

（8）构件存放场地应该平整坚实。构件叠放用方木垫平,必须稳固,不准超高（一般不宜超过 1.6m）。构件存放除设置垫木外,必要时要设置相应的支撑,提高其稳定性。禁止无关人员在堆放的构件中穿行,防止发生构件倒塌挤人事故。

（9）在露天遇六级以上大风或大雨、大雪、大雾等天气时,应停止起重吊装作业。

（10）起重机作业时,起重臂和吊物下方严禁有人停留、工作或通过。重物吊运时,严禁人从上方通过。严禁用起重机载运人员。

(11)经常使用的起重工具注意事项。

①手动倒链:操作人员应经培训合格后方可上岗作业,吊物时应挂牢后慢慢拉动倒链,不得斜向拽拉。当一人拉不动时,应查明原因,禁止多人一齐猛拉。

②手搬葫芦:操作人员应经培训合格后方可上岗作业,使用前检查自锁夹钳装置的可靠性,当夹紧钢丝绳后,应能往复运动,否则禁止使用。

③千斤顶:操作人员应经培训合格后方可上岗作业,千斤顶置于平整坚实的地面上,并垫木板或钢板,防止地面沉陷。顶部与光滑物接触面应垫硬木,防止滑动。开始操作应逐渐顶升,注意防止顶歪,始终保持重物的平衡。

七、中小型施工机械安全操作常识

1. 基本安全操作要求

施工机械的使用必须按"定人、定机"制度执行。操作人员必须经培训合格,方可上岗作业,其他人员不得擅自使用。机械使用前,必须对机械设备进行检查,各部位确认完好无损,并空载试运行,符合安全技术要求,方可使用。

施工现场机械设备必须按其控制的要求,配备符合规定的控制设备,严禁使用倒顺开关。在使用机械设备时,必须严格按照安全操作规程,严禁违章作业;发现有故障、有异常响动、温度异常升高时,都必须立即停机,经过专业人员维修,并检验合格后,方可重新投入使用。

操作人员应做到"调整、紧固、润滑、清洁、防腐"十字作业的要求,按有关要求对机械设备进行保养。操作人员在作业时,不得擅自离开工作岗位。下班时,应先将机械停止运行,然后断开电源,锁好电箱,方可离开。

2. 混凝土(砂浆)搅拌机安全操作要求

(1)搅拌机的安装一定要平稳、牢固。长期固定使用时,应埋置地脚螺栓;短期使用时,应在机座上铺设木枕或撑架找平,牢固放置。

(2)料斗提升时,严禁在料斗下工作或穿行。清理料斗坑时,必须先切断电源,锁好电箱,并将料斗双保险钩挂牢或插上保险插销。

(3)运转时,严禁将头或手伸入料斗与机架之间查看,不得用工具或物件伸入搅拌筒内。

(4)运转中严禁保养维修。维修保养搅拌机,必须拉闸断电,锁好电箱,挂好"有人工作,严禁合闸"牌,并有专人监护。

3. 混凝土振动器安全操作要求

常用的混凝土振动器有插入式和平板式。

(1)振动器应安装漏电保护装置,保护接零应牢固可靠。作业时操作人员应穿戴绝缘胶鞋和绝缘手套。

(2)使用前,应检查各部位无损伤,并确认连接牢固,旋转方向正确。

(3)电缆线应满足操作所需的长度。严禁用电缆线拖拉或吊挂振动器。振动器不得在初凝的混凝土、地板、脚手架和干硬的地面上进行试振。在检修或作业间断时,应断开电源。

(4)作业时,振动棒软管的弯曲半径不得小于500mm,并不得多于两个弯,操作时应将振动棒垂直地沉入混凝土,不得用力硬插、斜推或让钢筋夹住棒头,也不得全部插入混凝土中,插入深度不应超过棒长的 3/4,不宜触及钢筋、芯管及预埋件。

(5)作业停止需移动振动器时,应先关闭电动机,再切断电源。不得用软管拖拉电动机。

(6)平板式振动器工作时,应使平板与混凝土保持接触,待表面出浆,不再下沉后,即可缓慢移动;运转时,不得搁置在已凝或初凝的混凝土上。

(7)移动平板式振动器应使用干燥绝缘的拉绳,不得用脚踢电动机。

4.钢筋切断机安全操作要求

(1)机械未达到正常转速时,不得切料。切料时,应使用切刀的中、下部位,紧握钢筋对准刃口迅速投入,操作者应站在固定刀片一侧用力压住钢筋,应防止钢筋末端弹出伤人。严禁用两手在刀片两边握住钢筋俯身送料。

(2)不得剪切直径及强度超过机械铭牌规定的钢筋和烧红的钢筋。一次切断多根钢筋时,其总截面积应在规定范围内。

(3)切断短料时,手和切刀之间的距离应保持在 150mm 以上,如手握端小于 400mm 时,应采用套管或夹具将钢筋短头压住或夹牢。

(4)运转中严禁用手直接清除切刀附近的断头和杂物。钢筋摆动周围和切刀周围,不得停留非操作人员。

5.钢筋弯曲机安全操作要求

(1)应按加工钢筋的直径和弯曲半径的要求,装好相应规格的芯轴和成型轴、挡铁轴。芯轴直径应为钢筋直径的 2.5 倍。

挡铁轴应有轴套,挡铁轴的直径和强度不得小于被弯钢筋的直径和强度。

(2)作业时,应将钢筋需弯曲一端插入转盘固定销的间隙内,另一端紧靠机身固定销,并用手压紧;应检查机身固定销并确认安放在挡住钢筋的一侧,方可开动。

(3)作业中,严禁更换轴芯、销子和变换角度以及调整,也不得进行清扫和加油。

(4)对超过机械铭牌规定直径的钢筋严禁进行弯曲。不直的钢筋不得在弯曲机上弯曲。

(5)在弯曲钢筋的作业半径内和机身不设固定销的一侧严禁站人。

(6)转盘换向时,应待停稳后进行。

(7)作业后,应及时清除转盘及插入座孔内的铁锈、杂物等。

6.钢筋调直切断机安全操作要求

(1)应按调直钢筋的直径,选用适当的调直块及传动速度。调直块的孔径应比钢筋直径大 2~5mm,传动速度应根据钢筋直径选用,直径大的宜选用慢速,经调试合格,方可作业。

(2)在调直块未固定、防护罩未盖好前不得送料。作业中严禁打开各部防护罩并调整间隙。

(3)当钢筋送入后,手与轮应保持一定的距离,不得接近。

(4)送料前应将不直的钢筋端头切除。导向筒前应安装一根 1m 长的钢管,钢筋应穿过钢管再送入调直机前端的导孔内。

7.钢筋冷拉安全操作要求

(1)卷扬机的位置应使操作人员能见到全部的冷拉场地,卷扬机与冷拉中线的距离不得少于 5m。

（2）冷拉场地应在两端地锚外侧设置警戒区，并应安装防护栏及醒目的警示标志。严禁非作业人员在此停留。操作人员在作业时必须离开钢筋 2m 以外。

（3）卷扬机操作人员必须看到指挥人员发出的信号，并待所有的人员离开危险区后方可作业。冷拉应缓慢、均匀。当有停车信号或有人进入危险区时，应立即停拉，并稍稍放松卷扬机钢丝绳。

（4）夜间作业的照明设施，应装设在张拉危险区外。当需要装设在场地上空时，其高度应超过 5m。灯泡应加防护罩。

8. 圆盘锯安全操作要求

（1）锯片必须平整，锯齿尖锐，不得连续缺齿 2 个，裂纹长度不得超过 20mm。

（2）被锯木料厚度，以锯片能露出木料 10～20mm 为限。

（3）启动后，必须等待转速正常后，方可进行锯料。

（4）关料时，不得将木料左右晃动或者高抬，遇木节要慢送料。锯料长度不小于 500mm。接近端头时，应用推棍送料。

（5）若锯线走偏，应逐渐纠正，不得猛扳。

（6）操作人员不应站在锯片同一直线上操作。手臂不得跨越锯片工作。

9. 蛙式夯实机安全操作要求

（1）夯实作业时，应一人扶夯，一人传递电缆线，且必须戴绝缘手套和穿绝缘鞋。电缆线不得扭结或缠绕，且不得张拉过紧，应保持有 3～4m 的余量。移动时，应将电缆线移至夯机后方，不得隔机扔电缆线，当转向困难时，应停机调整。

（2）作业时,手握扶手应保持机身平衡,不得用力向后压,并应随时调整行进方向。转弯时不宜用力过猛,不得急转弯。

（3）夯实填高土方时,应在边缘以内 100～150mm 夯实 2～3 遍后,再夯实边缘。

（4）在较大基坑作业时,不得在斜坡上夯行,应避免造成夯头后折。

（5）夯实房心土时,夯板应避开房心地下构筑物、钢筋混凝土基桩、机座及地下管道等。

（6）在建筑物内部作业时,夯板或偏心块不得打在墙壁上。

（7）多机作业时,机平列间距不得小于 5m,前后间距不得小于 10m。

（8）夯机前进方向和夯机四周 1m 范围内,不得站立非操作人员。

10. 振动冲击夯安全操作要求

（1）内燃冲击夯启动后,内燃机应慢速运转 3～5min,然后逐渐加大油门,待夯机跳动稳定后,方可作业。

（2）电动冲击夯在接通电源启动后,应检查电动机旋转方向,有错误时应倒换相联系线。

（3）作业时应正确掌握夯机,不得倾斜,手把不宜握得过紧,能控制夯机前进速度即可。

（4）正常作业时,不得使劲往下压手把,以免影响夯机跳起高度。在较松的填料上作业或上坡时,可将手把稍向下压,增加夯机前进速度。

（5）电动冲击夯操作人员必须戴绝缘手套,穿绝缘鞋。作业时,电缆线不应拉得过紧,应经常检查线头安装,不得松动及引起漏电。严禁冒雨作业。

11. 潜水泵安全操作要求

（1）潜水泵宜先装在坚固的篮筐里再放入水中，亦可在水中将泵的四周设立坚固的防护围网。泵应直立于水中，水深不得小于 0.5m，不得在含有泥沙的水中使用。

（2）潜水泵放入水中或提出水面时，应先切断电源，严禁拉拽电缆或出水管。

（3）潜水泵应装设保护接零和漏电保护装置，工作时泵周围 30m 以内水面，不得有人、畜进入。

（4）应经常观察水位变化，叶轮中心至水平距离应在 0.5～3.0m 之间，泵体不得陷入污泥或露出水面。电缆不得与井壁、池壁相擦。

（5）每周应测定一次电动机定子绕组的绝缘电阻，其值应无下降。

12. 交流电焊机安全操作要求

（1）外壳必须有保护接零，应有二次空载降压保护器和触电保护器。

（2）电源应使用自动开关，接线板应无损坏，有防护罩。一次线长度不超过 5m，二次线长度不得超过 30m。

（3）焊接现场 10m 范围内，不得有易燃、易爆物品。

（4）雨天不得室外作业。在潮湿地点焊接时，要站在胶板或其他绝缘材料上。

（5）移动电焊机时，应切断电源，不得用拖拉电缆的方法移动。当焊接中突然停电时，应立即切断电源。

13.气焊设备安全操作要求

（1）氧气瓶与乙炔瓶使用时的间距不得小于 5m,存放时的间距不得小于 3m,并且距高温、明火等不得小于 10m;达不到上述要求时,应采取隔离措施。

（2）乙炔瓶存放和使用必须立放,严禁倒放。

（3）在移动气瓶时,应使用专门的抬架或小推车;严禁氧气瓶与乙炔瓶混合搬运;禁止直接使用钢丝绳、链条捆绑搬运。

（4）开关气瓶应使用专用工具。

（5）严禁敲击、碰撞气瓶,作业人员工作时不得吸烟。

第4部分　相关法律法规及务工常识

一、相关法律法规（摘录）

1. 中华人民共和国建筑法（摘录）

第三十六条　建筑工程安全生产管理必须坚持安全第一、预防为主的方针,建立健全安全生产的责任制度和群防群治制度。

第四十四条　建筑施工企业必须依法加强对建筑安全生产的管理,执行安全生产责任制度,采取有效措施,防止伤亡和其他安全生产事故的发生。

建筑施工企业的法定代表人对本企业的安全生产负责。

第四十六条　建筑施工企业应当建立健全劳动安全生产教育培训制度,加强对职工安全生产的教育培训;未经安全生产教育培训的人员,不得上岗作业。

第四十七条　建筑施工企业和作业人员在施工过程中,应当遵守有关安全生产的法律、法规和建筑行业安全规章、规程,不得违章指挥或者违章作业。作业人员有权对影响人身健康的作业程序和作业条件提出改进意见,有权获得安全生产所需的防护用品。作业人员对危及生命安全和人身健康的行为有权提出批评、检举和控告。

第四十八条　建筑施工企业应当依法为职工参加工伤保险,缴纳工伤保险费,鼓励企业为从事危险作业的职工办理意外伤害保险,支付保险费。

第五十一条　施工中发生事故时,建筑施工企业应当采取紧急措施减少人员伤亡和事故损失,并按照国家有关规定及时向有关部门报告。

2. 中华人民共和国劳动法(摘录)

第三条　劳动者享有平等就业和选择职业的权利、取得劳动报酬的权利、休息休假的权利、获得劳动安全卫生保护的权利、接受职业技能培训的权利、享受社会保险和福利的权利、提请劳动争议处理的权利以及法律规定的其他劳动权利。劳动者应当完成劳动任务,提高职业技能,执行劳动安全卫生规程,遵守劳动纪律和职业道德。

第十五条　禁止用人单位招用未满十六周岁的未成年人。

第十六条　劳动合同是劳动者与用人单位确立劳动关系、明确双方权利和义务的协议。

建立劳动关系应当订立劳动合同。

第五十四条　用人单位必须为劳动者提供符合国家规定的劳动安全卫生条件和必要的劳动防护用品,对从事有职业危害作业的劳动者应当定期进行健康检查。

第五十五条　从事特种作业的劳动者必须经过专门培训并取得特种作业资格。

第五十六条　劳动者在劳动过程中必须严格遵守安全操作规程。劳动者对用人单位管理人员违章指挥、强令冒险作业,有权拒绝执行;对危害生命安全和身体健康的行为,有权提出批评、检举和控告。

第五十八条　国家对女职工和未成年工实行特殊劳动保护。

未成年工是指年满十六周岁、未满十八周岁的劳动者。

第六十八条　用人单位应当建立职业培训制度，按照国家规定提取和使用职业培训经费，根据本单位实际，有计划地对劳动者进行职业培训。从事技术工种的劳动者，上岗前必须经过培训。

第七十二条　用人单位和劳动者必须依法参加社会保险，缴纳社会保险费。

第七十七条　用人单位与劳动者发生劳动争议，当事人可以依法申请调解、仲裁、提起诉讼，也可协商解决。调解原则适用于仲裁和诉讼程序。

❖ 3. 中华人民共和国安全生产法（摘录）

第六条　生产经营单位的从业人员有依法获得安全生产保障的权利，并应当依法履行安全生产方面的义务。

第十七条　生产经营单位应当具备本法和有关法律、行政法规和国家标准或者行业标准规定的安全生产条件；不具备安全生产条件的，不得从事生产经营活动。

第十八条　生产经营单位的主要负责人对本单位安全生产工作负有下列职责：

（一）建立、健全本单位安全生产责任制；

（二）组织制定本单位安全生产规章制度和操作规程；

（三）组织制定并实施本单位安全生产教育和培训计划；

（四）保证本单位安全生产投入的有效实施；

（五）督促、检查本单位的安全生产工作，及时消除生产安全事故隐患；

（六）组织制定并实施本单位的生产安全事故应急救援预案；

（七）及时、如实报告生产安全事故。

第二十五条 生产经营单位应当对从业人员进行安全生产教育和培训，保证从业人员具备必要的安全生产知识，熟悉有关的安全生产规章制度和安全操作规程，掌握本岗位的安全操作技能，了解事故应急处理措施，知悉自身在安全生产方面的权利和义务。未经安全生产教育和培训合格的从业人员，不得上岗作业。

第二十七条 生产经营单位的特种作业人员必须按照国家有关规定经专门的安全作业培训，取得相应资格，方可上岗作业。

特种作业人员的范围由国务院安全生产监督管理部门会同国务院有关部门确定。

第四十一条 生产经营单位应当教育和督促从业人员严格执行本单位的安全生产规章制度和安全操作规程；并向从业人员如实告知作业场所和工作岗位存在的危险因素、防范措施以及事故应急措施。

第四十二条 生产经营单位必须为从业人员提供符合国家标准或者行业标准的劳动防护用品，并监督、教育从业人员按照使用规则佩戴、使用。

第四十四条 生产经营单位应当安排用于配备劳动防护用品、进行安全生产培训的经费。

第四十八条 生产经营单位必须依法参加工伤保险，为从业人员缴纳保险费。

国家鼓励生产经营单位投保安全生产责任保险。

第四十九条 生产经营单位与从业人员订立的劳动合同，应当载明有关保障从业人员劳动安全、防止职业危害的事项，以及依法为从业人员办理工伤保险的事项。

生产经营单位不得以任何形式与从业人员订立协议,免除或者减轻其对从业人员因生产安全事故伤亡依法应承担的责任。

第五十条　生产经营单位的从业人员有权了解其作业场所和工作岗位存在的危险因素、防范措施及事故应急措施,有权对本单位的安全生产工作提出建议。

第五十一条　从业人员有权对本单位安全生产工作中存在的问题提出批评、检举、控告,有权拒绝违章指挥和强令冒险作业。

生产经营单位不得因从业人员对本单位安全生产工作提出批评、检举、控告或者拒绝违章指挥、强令冒险作业而降低其工资、福利等待遇,或者解除与其订立的劳动合同。

第五十二条　从业人员发现直接危及人身安全的紧急情况时,有权停止作业或者在采取可能的应急措施后撤离作业场所。

生产经营单位不得因从业人员在前款紧急情况下停止作业或者采取紧急撤离措施而降低其工资、福利等待遇或者解除与其订立的劳动合同。

第五十三条　因生产安全事故受到损害的从业人员,除依法享有工伤保险外,依照有关民事法律尚有获得赔偿的权利的,有权向本单位提出赔偿要求。

第五十四条　从业人员在作业过程中,应当严格遵守本单位的安全生产规章制度和操作规程,服从管理,正确佩戴和使用劳动防护用品。

第五十五条　从业人员应当接受安全生产教育和培训,掌握本职工作所需的安全生产知识,提高安全生产技能,增强事故预防和应急处理能力。

第五十六条　从业人员发现事故隐患或者其他不安全因

素,应当立即向现场安全生产管理人员或者本单位负责人报告;接到报告的人员应当及时予以处理。

4.建设工程安全生产管理条例(摘录)

第十八条 施工起重机械和整体提升脚手架、模板等自升式架设设施的使用达到国家规定的检验、检测期限的,必须经具有专业资质的检验、检测机构检测。经检测不合格的,不得继续使用。

第二十五条 垂直运输机械作业人员、安装拆卸工、爆破作业人员、起重信号工、登高架设作业人员等特种作业人员,必须按照国家有关规定经过专门的安全作业培训,并取得特种作业操作资格证书后,方可上岗作业。

第二十七条 建设工程施工前,施工单位负责项目管理的技术人员应当对有关安全施工的技术要求向施工作业班组、作业人员做出详细说明,并由双方签字确认。

第二十八条 施工单位应当在施工现场入口处、施工起重机械、临时用电设施、脚手架、出入通道口、楼梯口、电梯井口、孔洞口、桥梁口、隧道口、基坑边沿、爆破物及有害危险气体和液体存放处等危险部位,设置明显的安全警示标志。安全标志必须符合国家标准。

第二十九条 施工单位应当将施工现场的办公、生活区与作业区分开设置,并保持安全距离;办公、生活区的选择应当符合安全性要求。职工的膳食、饮水、休息场所等应当符合卫生标准。施工单位不得在尚未竣工的建筑物内设置员工集体宿舍。

施工现场临时搭建的建筑物应当符合安全使用要求。施工现场使用的装配式活动房屋应当具有产品合格证。

第三十二条 施工单位应当向作业人员提供安全防护用具

和安全防护服装,并书面告知危险岗位的操作规程和违章操作的危害。

作业人员有权对施工现场的作业条件、作业程序和作业方式中存在的安全问题提出批评、检举和控告,有权拒绝违章指挥和强令冒险作业。

在施工中发生危及人身安全的紧急情况时,作业人员有权立即停止作业或者在采取必要的应急措施后撤离危险区域。

第三十三条　作业人员应当遵守安全施工的强制性标准、规章制度和操作规程,正确使用安全防护用具、机械设备等。

第三十六条　施工单位应当对管理人员和作业人员每年至少进行一次安全生产教育培训,其教育培训情况记入个人工作档案。安全生产教育培训考核不合格的人员,不得上岗。

第三十七条　作业人员进入新的岗位或者新的施工现场前,应当接受安全生产教育培训。未经教育培训或者教育培训考核不合格的人员,不得上岗作业。

施工单位在采用新技术、新工艺、新设备、新材料时,应当对作业人员进行相应的安全生产教育培训。

第三十八条　施工单位应当为施工现场从事危险作业的人员办理意外伤害保险。

意外伤害保险费由施工单位支付。

▶ 5．工伤保险条例(摘录)

第二条　中华人民共和国境内的企业、事业单位、社会团体、民办非企业单位、基金会、律师事务所、会计师事务所等组织和有雇工的个体工商户(以下称用人单位)应当依照本条例规定参加工伤保险,为本单位全部职工或者雇工(以下称职工)缴纳工伤保险费。

中华人民共和国境内的企业、事业单位、社会团体、民办非企业单位、基金会、律师事务所、会计师事务所等组织的职工和个体工商户的雇工,均有依照本条例的规定享受工伤保险待遇的权利。

第十条 用人单位应当按时缴纳工伤保险费。职工个人不缴纳工伤保险费。

第二十一条 职工发生工伤,经治疗伤情相对稳定后存在残疾、影响劳动能力的,应当进行劳动能力鉴定。

第三十条 职工因工作遭受事故伤害或者患职业病进行治疗,享受工伤医疗待遇……

二、务工就业及社会保险

1. 劳动合同

(1)用人单位应当依法与劳动者签订劳动合同。

劳动合同是劳动者与用人单位确立劳动关系、明确双方权利和义务的协议。建立劳动关系应当订立劳动合同。订立和变更劳动合同,应遵循平等自愿、协商一致的原则,不得违反法律、行政法规的规定。劳动合同应当具备以下必备条款:

①劳动合同期限。即劳动合同的有效时间。

②工作内容。即劳动者在劳动合同有效期内所从事的工作岗位(工种),以及工作应达到的数量、质量指标或者应当完成的任务。

③劳动保护和劳动条件。即为了保障劳动者在劳动过程中的安全、卫生及其他劳动条件,用人单位根据国家有关法律、法规而采取的各项保护措施。

④劳动报酬。即在劳动者提供了正常劳动的情况下,用人

单位应当支付的工资。

⑤劳动纪律。即劳动者在劳动过程中必须遵守的工作秩序和规则。

⑥劳动合同终止的条件。即除了期限以外其他由当事人约定的特定法律事实,这些事实一出现,双方当事人之间的权利义务关系终止。

⑦违反劳动合同的责任。即当事人不履行劳动合同或者不完全履行劳动合同,所应承担的相应法律责任。

(2)试用期应包括在劳动合同期限之中。

根据《中华人民共和国劳动法》(以下简称《劳动法》)规定,用人单位与劳动者签订的劳动合同期限可以分为三类:

①有固定期限,即在合同中明确约定效力期间,期限可长可短,长到几年、十几年,短到一年或者几个月。

②无固定期限,即劳动合同中只约定了起始日期,没有约定具体终止日期。无固定期限劳动合同可以依法约定终止劳动合同条件,在履行中只要不出现约定的终止条件或法律规定的解除条件,一般不能解除或终止,劳动关系可以一直存续到劳动者退休为止。

③以完成一定的工作为期限,即以完成某项工作或者某项工程为有效期限,该项工作或者工程一经完成,劳动合同即终止。

签订劳动合同可以不约定试用期,也可以约定试用期,但试用期最长不得超过 6 个月。劳动合同期限在 6 个月以下的,试用期不得超过 15 日;劳动合同期限在 6 个月以上 1 年以下的,试用期不得超过 30 日;劳动合同期限在 1 年以上 2 年以下的,试用期不得超过 60 日。试用期包括在劳动合同期限中。非全日制劳动合同,不得约定试用期。

（3）订立劳动合同时，用人单位不得向劳动者收取定金、保证金或扣留居民身份证。

根据劳动保障部《劳动力市场管理规定》，禁止用人单位招用人员时向求职者收取招聘费用、向被录用人员收取保证金或抵押金、扣押被录用人员的身份证等证件。用人单位违反规定的，由劳动保障行政部门责令改正，并可处以 1000 元以下罚款；对当事人造成损害的，应承担赔偿责任。

（4）劳动者不必履行无效的劳动合同。

①无效的劳动合同是指不具有法律效力的劳动合同。根据《劳动法》的规定，下列劳动合同无效：

a. 违反法律、行政法规的劳动合同。

b. 采取欺诈、威胁等手段订立的劳动合同。劳动合同的无效，由劳动争议仲裁委员会或者人民法院确认。无效的劳动合同，从订立的时候起，就没有法律约束力。也就是说，劳动者自始至终都无须履行无效劳动合同。确认劳动合同部分无效的，如果不影响其余部分的效力，其余部分仍然有效。

②由于用人单位的原因订立的无效合同，对劳动者造成损害的，应当承担赔偿责任。具体包括：

a. 造成劳动者工资收入损失的，按劳动者本人应得工资收入支付给劳动者，并加付应得工资收入 25％的赔偿费用。

b. 造成劳动者劳动保护待遇损失的，应按国家规定补足劳动者的劳动保护津贴和用品。

c. 造成劳动者工伤、医疗待遇损失的，除按国家规定为劳动者提供工伤、医疗待遇外，还应支付劳动者相当于医疗费用25％的赔偿费用。

d. 造成女职工和未成年工身体健康损害的，除按国家规定提供治疗期间的医疗待遇外，还应支付相当于其医疗费用25％

的赔偿费用。

e. 劳动合同约定的其他赔偿费用。

(5)用人单位不得随意变更劳动合同。

劳动合同的变更,是指劳动关系双方当事人就已订立的劳动合同的部分条款达成修改、补充或者废止协定的法律行为。《劳动法》规定,变更劳动合同,应当遵循平等自愿、协商一致的原则,不得违反法律、行政法规的规定。经双方协商同意依法变更后的劳动合同继续有效,对双方当事人都有约束力。

(6)解除劳动合同应当符合《劳动法》的规定。

劳动合同的解除,是指劳动合同有效成立后至终止前这段时期内,当具备法律规定的劳动合同解除条件时,因用人单位或劳动者一方或双方提出,而提前解除双方的劳动关系。根据《劳动法》的规定,劳动者可以和用人单位协商解除劳动合同,也可以在符合法律规定的情况下单方解除劳动合同。

①劳动者单方解除。

a.《劳动法》第三十一条规定:劳动者解除劳动合同,应当提前三十日以书面形式通知用人单位。这是劳动者解除劳动合同的条件和程序。劳动者提前三十日以书面形式通知用人单位解除劳动合同,无须征得用人单位的同意,用人单位应及时办理有关解除劳动合同的手续。但由于劳动者违反劳动合同的有关约定而给用人单位造成经济损失的,应依据有关规定和劳动合同的约定,由劳动者承担赔偿责任。

b.《劳动法》第三十二条规定:有下列情形之一的,劳动者可以随时通知用人单位解除劳动合同:

(a)在试用期内的;

(b)用人单位以暴力、威胁或者非法限制人身自由的手段强迫劳动的;

（c）用人单位未按照劳动合同约定支付劳动报酬或者提供劳动条件的。

②用人单位单方解除。

a.《劳动法》第二十五条规定,劳动者有下列情形之一的,用人单位可以解除劳动合同:

（a）在试用期间被证明不符合录用条件的;

（b）严重违反劳动纪律或者用人单位规章制度的;

（c）严重失职,营私舞弊,对用人单位利益造成重大损害的;

（d）被依法追究刑事责任的。

b.《劳动法》第二十六条规定:有下列情形之一的,用人单位可以解除劳动合同,但是应当提前三十日以书面形式通知劳动者本人:

（a）劳动者患病或者非因工负伤,医疗期满后,既不能从事原工作也不能从事由用人单位另行安排的工作的;

（b）劳动者不能胜任工作,经过培训或者调整工作岗位,仍不能胜任工作的;

（c）劳动合同订立时所依据的客观情况发生重大变化,致使原劳动合同无法履行,经当事人协商不能就变更劳动合同达成协议的。

c.《劳动法》第二十七条规定:用人单位濒临破产进行法定整顿期间或者生产经营状况发生严重困难,确需裁减人员的,应当提前三十日向工会或者全体职工说明情况,听取工会或者职工的意见,经向劳动保障行政部门报告后,可以裁减人员。并且规定,用人单位自裁减人员之日起六个月内录用人员的,应当优先录用被裁减的人员。

（7）用人单位解除劳动合同应当依法向劳动者支付经济补偿金。

根据《劳动法》规定,在下列情况下,用人单位解除与劳动者的劳动合同,应当根据劳动者在本单位的工作年限,每满一年发给相当于一个月工资的经济补偿金:

①经劳动合同当事人协商一致,由用人单位解除劳动合同的。

②劳动者不能胜任工作,经过培训或者调整工作岗位仍不能胜任工作,由用人单位解除劳动合同的。

以上两种情况下支付经济补偿金,最多不超过12个月。

③劳动合同订立时所依据的客观情况发生了重大变化,致使原劳动合同无法履行,经当事人协商不能就变更劳动合同达成协议,由用人单位解除劳动合同的。

④用人单位濒临破产进行法定整顿期间或者生产经营状况发生严重困难,必须裁减人员,由用人单位解除劳动合同的。

⑤劳动者患病或者非因工负伤,经劳动鉴定委员会确认不能从事原工作,也不能从事用人单位另行安排的工作而解除劳动合同的;在这类情况下,同时应发给不低于6个月工资的医疗补助费。劳动者患重病或者绝症的还应增加医疗补助费,患重病的增加部分不低于医疗补助费的50%,患绝症的增加部分不低于医疗补助费的100%。

另外,用人单位解除劳动者劳动合同后,未按以上规定给予劳动者经济补偿的,除必须全额发给经济补偿金外,还须按欠发经济补偿金数额的50%支付额外经济补偿金。

经济补偿金应当一次性发给。劳动者在本单位工作时间不满一年的按一年的标准计算。计算经济补偿金的工资标准是企业正常生产情况下,劳动者解除合同前12个月的月平均工资;在以上第③、④、⑤类情况下,给予经济补偿金的劳动者月平均工资低于企业月平均工资的,应按企业月平均工资支付。

(8)用人单位不得随意解除劳动合同。

《劳动法》及《违反〈劳动法〉有关劳动合同规定的赔偿办法》（劳部发[1995]223号）规定，用人单位不得随意解除劳动合同。用人单位违法解除劳动合同的，由劳动保障行政部门责令改正；对劳动者造成损害的，应当承担赔偿责任。具体赔偿标准是：

①造成劳动者工资收入损失的，按劳动者本人应得工资收入支付劳动者，并加付应得工资收入25％的赔偿费用。

②造成劳动者劳动保护待遇损失的，应按国家规定补足劳动者的劳动保护津贴和用品。

③造成劳动者工伤、医疗待遇损失的，除按国家规定为劳动者提供工伤、医疗待遇外，还应支付劳动者相当于医疗费用25％的赔偿费用。

④造成女职工和未成年工身体健康损害的，除按国家规定提供治疗期间的医疗待遇外，还应支付相当于其医疗费用25％的赔偿费用。

⑤劳动合同约定的其他赔偿费用。

2. 工资

(1)用人单位应该按时足额支付工资。

《劳动法》中的"工资"是指用人单位依据国家有关规定或劳动合同的约定，以货币形式直接支付给本单位劳动者的劳动报酬，一般包括计时工资、计件工资、奖金、津贴和补贴、延长工作时间的工资报酬以及特殊情况下支付的工资等。

(2)用人单位不得克扣劳动者工资。

《劳动法》以及《违反〈中华人民共和国劳动法〉行政处罚办法》等规定，用人单位不得克扣劳动者工资。用人单位克扣劳动者工资的，由劳动保障行政部门责令支付劳动者的工资报酬，并加发相当于工资报酬 25％的经济补偿金。并可责令用人单位按相当于支付劳动者工资报酬、经济补偿总和的一至五倍支付劳动者赔偿金。

"克扣工资"是指用人单位无正当理由扣减劳动者应得工资（即在劳动者已提供正常劳动的前提下,用人单位按劳动合同规定的标准应当支付给劳动者的全部劳动报酬）。

（3）用人单位不得无故拖欠劳动者工资。

《劳动法》以及《违反〈中华人民共和国劳动法〉行政处罚办法》等规定,用人单位无故拖欠劳动者工资的,由劳动保障行政部门责令支付劳动者的工资报酬,并加发相当于工资报酬 25％的经济补偿金。并可责令用人单位按相当于支付劳动者工资报酬、经济补偿总和的一至五倍支付劳动者赔偿金。

"无故拖欠工资"是指用人单位无正当理由超过规定付薪时间未支付劳动者工资。

（4）农民工工资标准。

①在劳动者提供正常劳动的情况下,用人单位支付的工资不得低于当地最低工资标准。

根据《劳动法》、劳动保障部《最低工资规定》等规定,在劳动者提供正常劳动的情况下,用人单位应支付给劳动者的工资在剔除下列各项以后,不得低于当地最低工资标准:

a. 延长工作时间工资。

b. 中班、夜班、高温、低温、井下、有毒有害等特殊工作环境条件下的津贴。

c. 法律、法规和国家规定的劳动者福利待遇等。

实行计件工资或提成工资等工资形式的用人单位,在科学合理的劳动定额基础上,其支付劳动者的工资不得低于相应的最低工资标准。

用人单位违反以上规定的,由劳动保障行政部门责令其限期补发所欠劳动者工资,并可责令其按所欠工资的一至五倍支付劳动者赔偿金。

②在非全日制劳动者提供正常劳动的情况下,用人单位支付的小时工资不得低于当地小时工资最低标准。

劳动保障部《最低工资规定》《关于非全日制用工若干问题的意见》规定,非全日制用工是指以小时计酬、劳动者在同一用人单位平均每日工作时间不超过5h、累计每周工作时间不超过30h的用工形式。用人单位应当按时足额支付非全日制劳动者的工资,具体可以按小时、日、周或月为单位结算。在非全日制劳动者提供正常劳动的情况下,用人单位支付的小时工资不得低于当地小时工资最低标准。非全日制用工的小时工资最低标准由省、自治区、直辖市规定。

③用人单位安排劳动者加班加点应依法支付加班加点工资。

《劳动法》以及《违反〈中华人民共和国劳动法〉行政处罚办法》等规定,用人单位安排劳动者加班加点应依法支付加班加点工资。用人单位拒不支付加班加点工资的,由劳动保障行政部门责令支付劳动者的工资报酬,并加发相当于工资报酬25%的经济补偿金。并可责令用人单位按相当于支付劳动者工资报酬、经济补偿总和的一至五倍支付劳动者赔偿金。

劳动者日工资可统一按劳动者本人的月工资标准除以每月制度工作天数进行折算。职工全年月平均工作天数和工作时间分别为20.92天和167.4h,职工的日工资和小时工资按此进行折算。

3. 社会保险

(1)农民工有权参加基本医疗保险。

根据国家有关规定,各地要逐步将与用人单位形成劳动关系的农村进城务工人员纳入医疗保险范围。根据农村进城务工人员的特点和医疗需求,合理确定缴费率和保障方式,解决他们在务工期间的大病医疗保障问题,用人单位要按规定为其缴纳医疗保险费。对在城镇从事个体经营等灵活就业的农村进城务工人员,可以按照灵活就业人员参保的有关规定参加医疗保险。据此,在已经将农民工纳入医疗保险范围的地区,农民工有权参加医疗保险,用人单位和农民工本人应依法缴纳医疗保险费,农民工患病时,可以按照规定享受有关医疗保险待遇。

(2)农民工有权参加基本养老保险。

按照国务院《社会保险费征缴暂行条例》等有关规定,基本养老保险覆盖范围内的用人单位的所有职工,包括农民工,都应该参加养老保险,履行缴费义务。参加养老保险的农民合同制职工,在与企业终止或解除劳动关系后,由社会保险经办机构保留其养老保险关系,保管其个人账户并计息。凡重新就业的,应接续或转移养老保险关系;也可按照省级政府的规定,根据农民合同制职工本人申请,将其个人账户个人缴费部分一次性支付给本人,同时终止养老保险关系。农民合同制职工在男年满60周岁、女年满55周岁时,累计缴费年限满15年以上的,可按规定领取基本养老金;累计缴费年限不满15年的,其个人账户全部储存额一次性支付给本人。

(3)农民工有权参加失业保险。

根据《失业保险条例》规定,城镇企业事业单位招用的农民合同制工人应该参加失业保险,用人单位按规定为农民工缴纳社会保险费,农民合同制工人本人不缴纳失业保险费。单位招用的农民合同制工人连续工作满1年,本单位并已缴纳失业保险费,劳动合同期满未续订或者提前解除劳动合同的,由社会保险经办机构根据其工作时间长短,对其支付一次性生活补助。

补助的办法和标准由省、自治区、直辖市人民政府规定。

(4)用人单位应依法为农民工参加生育保险。

目前我国的生育保险制度还没有普遍建立,各地工作进展不平衡。从各地制定的规定看,有的地区没有将农民工纳入生育保险覆盖范围,有的地区则将农民工纳入了生育保险覆盖范围。如果农民工所在地区将农民工纳入了生育保险覆盖范围,农民工所在单位应按规定为农民工参加生育保险并缴纳生育保险费,符合规定条件的生育农民工依法享受生育保险待遇。

(5)劳动争议与调解处理。

劳动争议,也称劳动纠纷,就是指劳动关系当事人双方(用人单位和劳动者)之间因执行劳动法律、法规或者履行劳动合同以及其他劳动问题而发生劳动权利与义务方面的纠纷。

①劳动争议的范围。劳动争议的内容,是指劳动合同关系中当事人的权利与义务。所以,用人单位与劳动者之间发生的争议不都是劳动争议。只有在争议涉及劳动关系双方当事人在劳动关系中的权利和义务时,它才是劳动争议。劳动争议包括:因开除、除名、辞退职工和职工辞职、自动离职发生的争议;因执行国家有关工资、保险、福利、培训、劳动保护的规定发生的争议;因履行劳动合同发生的争议等。

②劳动争议处理机构。我国的劳动争议处理机构主要有:企业劳动争议调解委员会、各级政府劳动争议仲裁委员会和人民法院。根据《劳动法》等的规定:在用人单位内可以设劳动争议调解委员会,负责调解本单位的劳动争议;在县、市、市辖区应当设立劳动争议仲裁委员会;各级人民法院的民事审判庭负责劳动争议案件的审理工作。

③劳动争议的解决方法。根据我国有关法律、法规的规定,解决劳动争议的方法如下:

a. 协商。劳动争议发生后,双方当事人应当先进行协商,以达成解决方案。

b. 调解。就是企业调解委员会对本单位发生的劳动争议进行调解。从法律、法规的规定看,这并不是必经的程序。但它对于劳动争议的解决却起到很大作用。

c. 仲裁。劳动争议调解不成的,当事人可以向劳动争议仲裁委员会申请仲裁。当事人也可以直接向劳动争议仲裁委员会申请仲裁。当事人从知道或应当知道其权利被侵害之日起60日内,以书面形式向仲裁委员会申请仲裁。仲裁委员会应当自收到申请书之日起7日内做出受理或不予受理的决定。

d. 诉讼。当事人对仲裁裁决不服的,可以自收到仲裁裁决之日起15日内向人民法院起诉。人民法院民事审判庭受理和审理劳动争议案件。

④维护自身权益要注意法定时限。劳动者通过法律途径维护自身权益,一定要注意不能超过法律规定的时限。劳动者通过劳动争议仲裁、行政复议等法律途径维护自身合法权益,或者申请工伤认定、职业病诊断与鉴定等,一定要注意在法定的时限内提出申请。如果超过了法定时限,有关申请可能不会被受理,致使自身权益难以得到保护。主要的时限包括:

a. 申请劳动争议仲裁的,应当在劳动争议发生之日(即当事人知道或应当知道其权利被侵害之日)起60日内向劳动争议仲裁委员会申请仲裁。

b. 对劳动争议仲裁裁决不服、提起诉讼的,应当自收到仲裁裁决书之日起15日内,向人民法院提起诉讼。

c. 申请行政复议的,应当自知道该具体行政行为之日起60日内提出行政复议申请。

d. 对行政复议决定不服、提起行政诉讼的,应当自收到行政复议决定书之日起 15 日内,向人民法院提起行政诉讼。

e. 直接向人民法院提起行政诉讼的,应当在知道做出具体行政行为之日起 3 个月内提出,法律另有规定的除外。因不可抗力或者其他特殊情况耽误法定期限的,在障碍消除后的 10 日内,可以申请延长期限,由人民法院决定。

f. 申请工伤认定的,所在单位应当自事故伤害发生之日或者被诊断、鉴定为职业病之日起 30 日内,向统筹地区劳动保障行政部门提出工伤认定申请。遇有特殊情况,经报劳动保障行政部门同意,申请时限可以适当延长。用人单位未按前款规定提出工伤认定申请的,工伤职工或者其直系亲属、工会组织在事故伤害发生之日或者被诊断、鉴定为职业病之日起 1 年内,可以直接向用人单位所在地统筹地区劳动保障行政部门提出工伤认定申请。

三、工人健康卫生知识

1. 常见疾病的预防和治疗

(1)流行性感冒。

①流行性感冒的传播方式。流行性感冒简称流感,是由流感病毒引起的一种急性呼吸道传染病。流感的传染源主要是患者,病后 1～7 天均有传染性。流感主要通过呼吸道传播,传染性很强,常引起流行。一般常突然发生,迅速蔓延,患者数多。

提示:发生流行性感冒时应注意与病人保持一定距离,以免被传染。

②流行性感冒的症状。流感的症状与感冒类似,主要是发热及上呼吸道感染症状,如咽痛、鼻塞、流鼻涕、打喷嚏、咳嗽等。流感的全身症状重,而局部症状很轻。

③流行性感冒的预防。

a. 最主要的是注射流感疫苗,疫苗应于流感流行前 1～2 个月注射。因流感冬季易发,故常于每年 10 月左右进行注射。

b. 应当尽量避免接触病人,流行期间不到人多的地方去。

c. 增强身体抵抗力最重要,生活规律、适当锻炼、合理营养、精神愉快非常关键。

d. 避免过累、精神紧张、着凉、酗酒等。

(2)细菌性痢疾。

①细菌性痢疾的传播方式。细菌性痢疾(简称菌痢),是夏秋季节最常见的急性肠道传染病,由痢疾杆菌引起,以结肠化脓性炎症为主要病变。菌痢主要通过粪—口途径传播,即患者大便中的痢疾杆菌可以污染手、食物、水、蔬菜、水果等而进入口中引起感染。细菌性痢疾终年均有发生,但多流行于夏秋季节。人群对此病普遍易感,幼儿及青壮年发病率较高。

②细菌性痢疾的症状。细菌性痢疾病情可轻可重,轻者仅有轻度腹泻,重者可有发热、全身不适、乏力、恶心、呕吐、腹痛、腹泻。腹泻次数由一日数次至十数次不等,患者常有老想解大便可总也解不干净的感觉(里急后重),患者大便中常有黏液,重者有脓血。

③细菌性痢疾的预防。

a. 做好痢疾患者的粪便、呕吐物的消毒处理,管理好水源,防止病菌污染水源、土壤及农作物;患者使用过的厕所、餐具等也应消毒。

b. 不喝生水,不生吃水产品,蔬菜要洗净、炒熟再吃,水果应洗净削皮后食用。

c. 养成饭前、便后洗手的习惯,不吃被苍蝇、蟑螂叮咬过或爬过的食物,积极做好灭苍蝇、灭蟑螂工作。

d. 加强体育锻炼,增强体质。

重点:注意个人卫生,养成饭前、便后洗手的习惯。

(3)食物中毒。

①细菌性食物中毒的传播方式。细菌性食物中毒是由于进食被细菌或细菌毒素污染的食物而引起的急性感染中毒性疾病。细菌性食物中毒是典型的肠道传染病,发生原因主要有以下几个方面:

a. 食物在宰杀或收割、运输、储存、销售等过程中受到病菌的污染。

b. 被致病菌污染的食物在较高的温度下存放,食品中充足的水分、适宜的酸碱度及营养条件使致病菌大量繁殖或产生毒素。

c. 食品在食用前未烧透或熟食受到生食交叉污染。

d. 在缺氧环境中(如罐头等)肉毒杆菌产生毒素。

②细菌性食物中毒的症状。胃肠型细菌性食物中毒是食物中毒中最常见的一种,是由于食用了被细菌或细菌毒素污染的食物所引起的。绝大多数患者表现为胃肠炎的症状,如恶心、呕吐、腹痛、腹泻、排水样便等。腹泻一天数次到数十次不等,多数是稀水样便,个别人可有黏液血便、血水样便等,极少数患者可以发生败血症。

③细菌性食物中毒的预防。

a. 防止食品污染。加强对污染源的管理,做好牲畜屠宰前后的卫生检验,防止感染;对海鲜类食品应加强管理,防止污染其他食品;要严防食品加工、贮存、运输、销售过程中被病原体污染;食品容器、刀具等应严格生熟分开使用,做好消毒工作,防止交叉污染;生产场所、厨房、食堂等要有防蝇、防鼠设备;严格遵守饮食行业和炊事人员的个人卫生制度;患化脓性病症和上呼吸道感染的患者,在治愈前不应参加接触食品的工作。

b. 控制病原体繁殖及外毒素的形成。食品应低温保存或放在阴凉通风处,食品中加盐量达 10％也可有效控制细菌繁殖及毒素形成。

c. 彻底加热杀灭细菌及破坏毒素。这是防止食物中毒的重要措施,要彻底杀灭肉中的病原体,肉块不应太大,加热时其内部温度可以达到 80℃,这样持续 12min 就可将细菌杀死。

d. 凡是食品在加工和保存过程中有厌氧环境存在,均应防止肉毒杆菌的污染,过期罐头——特别是产气罐头(其盖鼓起)均勿食用。

(4)病毒性肝炎。

①病毒性肝炎的类型。病毒性肝炎是由多种肝炎病毒引起的,以肝脏损害为主的一组全身性传染病。按病原体分类,目前已确定的有甲型肝炎、乙型肝炎、丙型肝炎、丁型肝炎、戊型肝炎。通过实验诊断排除上述类型的肝炎者,称为"非甲—戊型肝炎"。

②病毒性肝炎的传染源。

a. 甲型肝炎无病毒携带状态,传染源为急性期患者和隐性感染者。粪便排毒期在起病前 2 周至血清转氨酶高峰期后 1 周,少数患者延长至病后 30 天。

b. 乙型肝炎属于常见传染病,可通过母婴、血液和体液传播。传染源主要是急、慢性乙型肝炎患者和病毒携带者。急性患者在潜伏期末及急性期有传染性,但不超过 6 个月。慢性患者和病毒携带者作为传染源预防的意义重大。

c. 丙型肝炎的传染源是急、慢性患者和无症状病毒携带者。

d. 丁型肝炎的传染源与乙型肝炎相似。

e. 戊型肝炎的传染源与甲型肝炎相似。

③病毒性肝炎的症状。

a.疲乏无力、懒动、下肢酸困不适,稍加活动则难以支持。

b.食欲不振、食欲减退、厌油、恶心、呕吐及腹胀,往往食后加重。

c.部分病人尿黄、尿色如浓茶,大便色淡或灰白,腹泻或便秘。

d.右上腹部有持续性腹痛,个别病人可呈针刺样或牵拉样疼痛,于活动、久坐后加重,卧床休息后可缓解,右侧卧时加重,左侧卧时减轻。

e.医生检查可有肝脏肿大、压痛、肝区叩击痛、肝功能损害,部分病例出现发热及黄疸表现。

f.血清谷丙转氨酶及血中总胆红素升高有助于诊断,也可进一步做血清免疫学检查及明确肝炎类型。

④病毒性肝炎的预防。病毒性肝炎预防应采取以切断传播途径为重点的综合性措施。

对甲型、戊型肝炎,重点抓好水源保护、饮水消毒、食品加工、粪便管理等,切断粪—口途径传播,注意个人卫生,饭前、便后洗手,不喝生水,生吃瓜果要洗净。对于急性病如甲型和戊型肝炎病人接触的易感人群,应注射人血丙种球蛋白,注射时间越早越好。

对乙型、丙型和丁型肝炎,重点在于防止通过血液和体液的传播,各种医疗及预防注射,应实行一人一针一管,对带血清的污染物应严格消毒,对血液和血液制品应严格检测。对学龄前儿童和密切接触者,应接种乙肝疫苗;乙肝疫苗和乙肝免疫球蛋白联合应用可有效地阻断母婴传播;医务人员在工作中因医疗意外或医疗操作不慎感染乙肝病毒,应立即注射免疫球蛋白。

2. 职业病的预防和治疗

（1）职业病定义。

所谓职业病，是指企业、事业单位和个体经济组织的劳动者在职业活动中，因接触粉尘、放射性物质和其他有毒、有害物质等因素而引起的疾病。对于患职业病的，我国法律规定，应属于工伤，享受工伤待遇。

（2）建筑企业常见的职业病。

①接触各种粉尘引起的尘肺病。

②电焊工尘肺、眼病。

③直接操作振动机械引起的手臂振动病。

④油漆工、粉刷工接触有机材料散发的不良气体引起的中毒。

⑤接触噪声引起的职业性耳聋。

⑥长期超时、超强度地工作，精神长期过度紧张造成相应职业病。

⑦高温中暑等。

（3）职业病鉴定与保障。

劳动者如果怀疑所得的疾病为职业病，应当及时到当地卫生部门批准的职业病诊断机构进行职业病诊断。对诊断结论有异议的，可以在 30 日内到市级卫生行政部门申请职业病诊断鉴定，鉴定后仍有异议的，可以在 15 日内到省级卫生行政部门申请再鉴定。被诊断、鉴定为职业病，所在单位应当自被诊断、鉴定为职业病之日起 30 日内，向统筹地区劳动保障行政部门提出工伤认定申请。

提示：劳动者日常需要注意收集与职业病相关的材料。

（4）职业病的诊断。

根据《中华人民共和国职业病防治法》(以下简称《职业病防治法》)和《职业病诊断与鉴定管理办法》的有关规定,具体程序为:

①职业病诊断应当由省级以上人民政府卫生行政部门批准的医疗卫生机构承担,劳动者可以在用人单位所在地或者本人居住地依法承担职业病诊断的医疗卫生机构进行职业病诊断。

②当事人申请职业病诊断时应当提供以下材料:

a. 职业史、既往史。

b. 职业健康监护档案复印件。

c. 职业健康检查结果。

d. 工作场所历年职业病危害因素检测、评价资料。

e. 诊断机构要求提供的其他必需的有关材料。

③职业病诊断应当依据职业病诊断标准,结合职业病危害接触史、工作场所职业病危害因素检测与评价、临床表现和医学检查结果等资料,综合做出分析。

④职业病诊断机构在进行职业病诊断时,应当组织三名以上取得职业病诊断资格的执业医师进行集体诊断。

⑤职业病诊断机构做出职业病诊断后,应当向当事人出具职业病诊断证明书。职业病诊断证明书应当明确是否患有职业病,对患有职业病的,还应当载明所患职业病的名称、程度(期别)、处理意见和复查时间。

⑥当事人对职业病诊断有异议的,在接到职业病诊断证明书之日起 30 日内,可以向做出诊断的医疗卫生机构所在地的市级卫生行政部门申请鉴定。

⑦当事人申请职业病诊断鉴定时,应当提供以下材料:

a. 职业病诊断鉴定申请书。

b. 职业病诊断证明书。

c.其他有关资料。职业病诊断鉴定办事机构应当自收到申请资料之日起 10 日内完成材料审核,对材料齐全的发给受理通知书;材料不全的,通知当事人补充。职业病诊断鉴定办事机构应当在受理鉴定之日起 60 日内组织鉴定。

⑧鉴定委员会应当认真审查当事人提供的材料,必要时可听取当事人的陈述和申辩,对被鉴定人进行医学检查,对被鉴定人的工作场所进行现场调查取证。

⑨职业病诊断鉴定书应当包括以下内容:

a.劳动者、用人单位的基本情况及鉴定事由。

b.参加鉴定的专家情况。

c.鉴定结论及其依据,如果为职业病,应当注明职业病名称、程度(期别)。

d.鉴定时间。职业病诊断鉴定书应当于鉴定结束之日起 20 日内由职业病诊断鉴定办事机构发送给当事人。

(5)劳动者有权利拒绝从事容易发生职业病的工作。

劳动者依法享有保持自己身体健康的权利,因此,对于是否选择从事存在职业病危害的工作,应当由劳动者依照其自己的意愿决定。而要使劳动者能够自行决定是否选择从事该工作,就应当保证劳动者对相关工作内容以及其可能带来的危害有一定的了解。正因为如此,《职业病防治法》规定:"用人单位与劳动者订立劳动合同(含聘用合同,下同)时,应当将工作过程中可能产生的职业病危害及其后果、职业病防护措施和待遇等如实告知劳动者,并在劳动合同中写明,不得隐瞒或者欺骗。""劳动者在已订立劳动合同期间因工作岗位或者工作内容变更,从事与所订立劳动合同中未告知的存在职业病危害的作业时,用人单位应当依照前款规定,向劳动者履行如实告知的义务,并协商变更原劳动合同相关条款。""用人单位违反前两款规定的,劳动者有权拒绝从事存在职业病危害的作业,用人单位不得因此解除或者终止与劳动者所订立的劳动合同。"

另外,根据《职业病防治法》的规定,用人单位违反本规定,订立或者变更劳动合同时,未告知劳动者职业病危害真实情况的,由卫生行政部门责令限期改正,给予警告,可以并处2万元以上5万元以下的罚款。

根据前述规定,如果用人单位没有将工作过程中可能产生的职业病危害及其后果、职业病防护措施和待遇等如实告知劳动者,并在劳动合同中写明,那么劳动者就有权利拒绝从事存在职业病危害的作业,并且用人单位不得因劳动者拒绝从事该作业而解除或者终止劳动者的劳动合同。

(6)患职业病的劳动者有权获得相应的保障。

①患职业病的劳动者有权利获得职业保障。《中华人民共和国劳动合同法》规定,用人单位以下情形不得解除劳动合同:

a.患职业病或者因工负伤并确认丧失或者部分丧失劳动能力的。

b.患病或者负伤,在规定的医疗期内的。职业病病人依法享受国家规定的职业病待遇,用人单位对不适宜继续从事原工作的职业病病人,应当调离原岗位,并妥善安置。

②患职业病的劳动者有权利获得医疗保障。《职业病防治法》规定:"职业病病人依法享受国家规定的职业病待遇。用人单位应当按照国家有关规定,安排职业病病人进行治疗、康复和定期检查。"

③患职业病的劳动者有权利获得生活保障。《职业病防治法》规定:"劳动者被诊断患有职业病,但用人单位没有依法参加工伤社会保险的,其医疗和生活保障由最后的用人单位承担。"

④患职业病的劳动者有权利依法获得赔偿。职业病病人除依法享有工伤社会保险外,依照有关民事法律,尚有获得赔偿的权利的,有权向用人单位提出赔偿要求。

(7)职工患职业病后的一次性处理规定。

职工患病后,应当先行治疗,然后进行职业病的诊断和鉴定。如果职工按照《职业病防治法》规定被诊断、鉴定为职业病,必须向劳动保障行政部门提出工伤认定申请,由劳动保障行政部门做出工伤认定。如果职工经治疗伤情相对稳定后存在残疾、影响劳动能力的,还应当进行劳动能力鉴定。最后职工才可按照《工伤保险条例》规定的标准享受工伤保险待遇。

以上程序是职工患职业病后享受工伤待遇所必需的,是切实保障职工合法权益的基础。但在实际生活中,一些用人单位和职工由于不懂工伤法律或者怕麻烦、图省事,在职工患病后就直接约定进行一次性工伤补助,这种做法是不可取的。当然,如果工伤职工愿意,待治愈或病情稳定做出工伤伤残等级鉴定后,可参照有关工伤的规定依法与企业达成一次性领取工伤待遇的相关协议。

(8)治疗职业病的有关费用支付。

首先应当明确的是,检查、治疗、诊断职业病的,劳动者本人不承担相关费用。这些费用依照规定,应当由用人单位负担或者从工伤保险基金中支付。

①职业健康检查费用由用人单位承担。

②救治急性职业病危害的劳动者,或者进行健康检查和医学观察,所需费用由用人单位承担。

③职业病诊断鉴定费用由用人单位承担。

④因职业病进行劳动能力鉴定的,鉴定费从工伤保险基金中支付。

⑤因职业病需要治疗的,相关费用按照工伤的规定处理。

还需要说明的是,不管是职业病还是其他原因发生的工伤,都必须进行彻底的治疗,相关的费用不管花了多少,都应当依法予以报销,即"工伤索赔上不封顶"。

(9)劳动者在职业病防治中须承担的义务。

①认真接受用人单位的职业卫生培训,努力学习和掌握必要的职业卫生知识。

②遵守职业卫生法规、制度、操作规程。

③正确使用与维护职业危害防护设备及个人防护用品。

④及时报告事故隐患。

⑤积极配合上岗前、在岗期间和离岗时的职业健康检查。

⑥如实提供职业病诊断、鉴定所需的有关资料等。

重点:熟知职业安全卫生警示标志,禁止不安全的操作行为,正确使用个人防护用品。

(10)建筑企业常见职业病及预防控制措施。

①接触各种粉尘引起的尘肺病预防控制措施。

作业场所防护措施:加强水泥等易扬尘的材料的存放处、使用处的扬尘防护,任何人不得随意拆除,在易扬尘部位设置警示标志。

个人防护措施:落实相关岗位的持证上岗,给施工作业人员提供扬尘防护口罩,杜绝施工操作人员的超时工作。

②电焊工尘肺、眼病的预防控制措施。

作业场所防护措施:为电焊工提供通风良好的操作空间。

个人防护措施:电焊工必须持证上岗,作业时佩戴有害气体防护口罩、眼睛防护罩,杜绝违章作业,采取轮流作业,杜绝施工操作人员的超时工作。

③直接操作振动机械引起的手臂振动病的预防控制措施。

作业场所防护措施:在作业区设置预防职业病警示标志。

个人防护措施:机械操作工要持证上岗,提供振动机械防护手套,延长换班休息时间,杜绝作业人员的超时工作。

④油漆工、粉刷工接触有机材料散发不良气体引起的中毒预防控制措施。

作业场所防护措施:加强作业区的通风排气措施。

个人防护措施:相关工种持证上岗,给作业人员提供防护口罩,轮流作业,杜绝作业人员的超时工作。

⑤接触噪声引起的职业性耳聋的预防控制措施。

作业场所防护措施:在作业区设置防职业病警示标志,对噪声大的机械加强日常保养和维护,减少噪声污染。

个人防护措施:为施工操作人员提供劳动防护耳塞轮流作业,杜绝施工操作人员的超时工作。

⑥长期超时、超强度地工作,精神长期过度紧张所造成相应职业病的预防控制措施。

作业场所防护措施:提高机械化施工程度,减小工人劳动强度,为职工提供良好的生活、休息、娱乐场所,加强施工现场文明施工。

个人防护措施:不盲目抢工期,即使抢工期也必须安排充足的人员能够按时换班作业,采取 8h 作业换班制度,及时发放工人工资,稳定工人情绪。

⑦高温中暑的预防控制措施。

作业场所防护措施:在高温期间,为职工备足饮用水或绿豆汤、防中暑药品、器材。

个人防护措施:减少工人工作时间,尤其是延长中午休息时间。

提示:工作场所自觉做好个人安全防护。

四、工地施工现场急救知识

施工现场急救基本常识主要包括应急救援基本常识、触电急救知识、创伤救护知识、火灾急救知识、中毒及中暑急救知识以及传染病急救措施等，了解并掌握这些现场急救基本常识，是做好安全工作的一项重要内容。

1. 应急救援基本常识

（1）施工企业应建立企业级重大事故应急救援体系，以及重大事故救援预案。

（2）施工项目应建立项目重大事故应急救援体系，以及重大事故救援预案；在实行施工总承包时，应以总承包单位事故预案为主，各分包队伍也应有各自的事故救援预案。

（3）重大事故的应急救援人员应经过专门的培训，事故的应急救援必须有组织、有计划地进行；严禁在未清楚事故情况下，盲目救援，以免造成更大的伤害。

（4）事故应急救援的基本任务：

①立即组织营救受害人员，组织撤离或者采取其他措施保护危害区域内的其他人员。

②迅速控制事态，并对事故造成的危害进行检测、监测，测定事故的危害区域、危害性质及危害程度。

③消除危害后果，做好现场恢复。

④查清事故原因，评估危害程度。

2. 触电急救知识

触电者的生命能否获救，在绝大多数情况下取决于能否迅速脱离电源和正确地实行人工呼吸和心脏按摩。拖延时间、动作迟缓或救护不当,都可能造成人员伤亡。

(1)脱离电源的方法。

①发生触电事故时,附近有电源开关和电流插销的,可立即将电源开关断开或拔出插销;但普通开关(如拉线开关、单极按钮开关等)只能断一根线,有时不一定关断的是相线,所以不能认为是切断了电源。

②当有电的电线触及人体引起触电,不能采用其他方法脱离电源时,可用绝缘的物体(如干燥的木棒、竹竿、绝缘手套等)将电线移开,使人体脱离电源。

③必要时可用绝缘工具(如带绝缘柄的电工钳、木柄斧头等)切断电线,以切断电源。

④应防止人体脱离电源后造成的二次伤害,如高处坠落、摔伤等。

⑤对于高压触电,应立即通知有关部门停电。

⑥高压断电时,应戴上绝缘手套,穿上绝缘鞋,用相应电压等级的绝缘工具切断开关。

(2)紧急救护基本常识。

根据触电者的情况,进行简单的诊断,并分别处理:

①病人神志清醒,但感到乏力、头昏、心悸、出冷汗,甚至有恶心或呕吐症状。此类病人应使其就地安静休息,减轻心脏负担,加快恢复;情况严重时,应立即小心送往医院检查治疗。

②病人呼吸、心跳尚存在,但神志昏迷。此时,应将病人仰卧,周围空气要流通,并注意保暖;除了要严密观察外,还要做好人工呼吸和心脏挤压的准备工作。

③如经检查发现,病人处于"假死"状态,则应立即针对不同类型的"假死"进行对症处理:如果呼吸停止,应用口对口的人工呼吸法来维持气体交换;如心脏停止跳动,应用体外人工心脏挤

压法来维持血液循环。

a.口对口人工呼吸法:病人仰卧、松开衣物——→清理病人口腔阻塞物——→病人鼻孔朝天、头后仰——→捏住病人鼻子贴嘴吹气——→放开嘴鼻换气,如此反复进行,每分钟吹气12次,即每5s吹气1次。

b.体外心脏挤压法:病人仰卧硬板上——→抢救者用手掌对病人胸口凹腔——→掌根用力向下压——→慢慢向下——→突然放开,连续操作,每分钟进行60次,即每秒一次。

c.有时病人心跳、呼吸停止,而急救者只有一人时,必须同时进行口对口人工呼吸和体外心脏挤压,此时,可先吹两次气,立即进行挤压15次,然后再吹两次气,再挤压,反复交替进行。

3.创伤救护知识

创伤分为开放性创伤和闭合性创伤。开放性创伤是指皮肤或黏膜的破损,常见的有:擦伤、切割伤、撕裂伤、刺伤、撕脱、烧伤;闭合性创伤是指人体内部组织损伤,而皮肤黏膜没有破损,常见的有:挫伤、挤压伤。

(1)开放性创伤的处理。

①对伤口进行清洗消毒可用生理盐水和酒精棉球,将伤口和周围皮肤上沾染的泥沙、污物等清理干净,并用干净的纱布吸收水分及渗血,再用酒精等药物进行初步消毒。在没有消毒条件的情况下,可用清洁水冲洗伤口,最好用流动的自来水冲洗,然后用干净的布或敷料吸干伤口。

②止血。对于出血不止的伤口,能否做到及时有效地止血,对伤员的生命安危影响较大。在现场处理时,应根据出血类型和部位不同采用不同的止血方法:直接压迫——将手掌通过敷

料直接加压在身体表面的开放性伤口的整个区域;抬高肢体
——对于手、臂、腿部严重出血的开放性伤口都应抬高,使受伤
肢体高于心脏水平线;压迫供血动脉——手臂和腿部伤口的严
重出血,如果应用直接压迫和抬高肢体仍不能止血,就需要采用
压迫点止血技术;包扎——使用绷带、毛巾、布块等材料压迫止
血,保护伤口,减轻疼痛。

③烧伤的急救。应先去除烧伤源,将伤员尽快转移到空气
流通的地方,用较干净的衣服把伤面包裹起来,防止再次污染;
在现场,除了化学烧伤可用大量流动清水冲洗外,对创面一般不
做处理,尽量不弄破水泡,保护表皮。

(2)闭合性创伤的处理。

①较轻的闭合性创伤,如局部挫伤、皮下出血,可在受伤部
位进行冷敷,以防止组织继续肿胀,减少皮下出血。

②如发现人员从高处坠落或摔伤等意外时,要仔细检查其
头部、颈部、胸部、腹部、四肢、背部和脊椎,看看是否有肿胀、青
紫、局部压疼、骨摩擦声等其他内部损伤。假如出现上述情况,
不能对患者随意搬动,需按照正确的搬运方法进行搬运;否则,
可能造成患者神经、血管损伤并加重病情。

现场常用的搬运方法有:担架搬运法——用担架搬运时,要
使伤员头部向后,以便后面抬担架的人可随时观察其变化;单人
徒手搬运法——轻伤者可扶着走,重伤者可让其伏在急救者背
上,双手绕颈交叉垂下,急救者用双手自伤员大腿下抱住伤员
大腿。

③如怀疑有内伤,应尽早使伤员得到医疗处理;运送伤员
时要采取卧位,小心搬运,注意保持呼吸道畅通,注意防止
休克。

④运送过程中,如突然出现呼吸、心跳骤停时,应立即进行

人工呼吸和体外心脏挤压法等急救措施。

4.火灾急救知识

一般地说,起火要有三个条件,即可燃物(木材、汽油等)、助燃物(氧气等)和点火源(明火、烟火、电焊花等)。扑灭初起火灾的一切措施,都是为了破坏已经产生的燃烧条件。

(1)火灾急救的基本要点。

施工现场应有经过训练的义务消防队,发生火灾时,应由义务消防队急救,其他人员应迅速撤离。

①及时报警,组织扑救。全体员工在任何时间、地点,一旦发现起火都要立即报警,并在确保安全前提下参与和组织群众扑灭火灾。

②集中力量,主要利用灭火器材,控制火势,集中灭火力量在火势蔓延的主要方向进行扑救,以控制火势蔓延。

③消灭飞火,组织人力监视火场周围的建筑物、露天物资堆放场所的未尽飞火,并及时扑灭。

④疏散物资,安排人力和设备,将受到火势威胁的物资转移到安全地带,阻止火势蔓延。

⑤积极抢救被困人员。人员集中的场所发生火灾,要有熟悉情况的人做向导,积极寻找和抢救被困的人员。

(2)火灾急救的基本方法。

①先控制,后消灭。对于不可能立即扑灭的火灾,要先控制火势,具备灭火条件时再展开全面进攻,一举消灭。

②救人重于救火。灭火的目的是为了打开救人通道,使被困的人员得到救援。

③先重点,后一般。重要物资和一般物资相比,先保护和抢救重要物资;火势蔓延猛烈方面和其他方面相比,控制火势蔓延

的方面是重点。

④正确使用灭火器材。水是最常用的灭火剂,取用方便,资源丰富,但要注意水不能用于扑救带电设备的火灾。各种灭火器的用途和使用方法如下:

酸碱灭火器:倒过来稍加摇动或打开开关,药剂喷出。适用于扑救油类火灾。

泡沫灭火器:把灭火器筒身倒过来,打开保险销,把喷管口对准火源,拉出拉环,即可喷出。适合于扑救木材、棉花、纸张等火灾,不能扑救电气、油类火灾。

二氧化碳灭火器:一手拿好喇叭筒对准火源,另一手打开开关既可。适合于扑救贵重仪器和设备,不能扑救金属钾、钠、镁、铝等物质的火灾。

干粉灭火器:打开保险销,把喷管口对准火源,拉出拉环,即可喷出。适用于扑救石油产品、油漆、有机溶剂和电气设备等火灾。

⑤人员撤离火场途中被浓烟围困时,应采取低姿势行走或匍匐穿过浓烟,有条件时可用湿毛巾等捂住嘴鼻,以便顺利撤出烟雾区;如无法进行逃生,可向建筑物外伸出衣物或抛出小物件,发出求救信号引起注意。

⑥进行物资疏散时应将参加疏散的员工编成组,指定负责人首先疏散通道,其次疏散物资,疏散的物资应堆放在上风向的安全地带,不得堵塞通道,并要派人看护。

▶ 5. 中毒及中暑急救知识

施工现场发生的中毒主要有食物中毒、燃气中毒及毒气中毒;中暑是指人员因处于高温高热的环境而引起的疾病。

(1)食物中毒的救护。

①发现饭后有多人呕吐、腹泻等不正常症状时,尽量让病人大量饮水,刺激喉部使其呕吐。

②立即将病人送往就近医院或打120急救电话。

③及时报告工地负责人和当地卫生防疫部门,并保留剩余食品以备检验。

(2)燃气中毒的救护。

①发现有人煤气中毒时,要迅速打开门窗,使空气流通。

②将中毒者转移到室外实行现场急救。

③立即拨打120急救电话或将中毒者送往就近医院。

④及时报告有关负责人。

(3)毒气中毒的救护。

①在井(地)下施工中有人发生毒气中毒时,井(地)上人员绝对不要盲目下去救助;必须先向出事点送风,救助人员装备齐全安全保护用具,才能下去救人。

②立即报告工地负责人及有关部门,现场不具备抢救条件时,应及时拨打110或120电话求救。

(4)中暑的救护。

①迅速转移。将中暑者迅速转移至阴凉通风的地方,解开衣服,脱掉鞋子,让其平卧,头部不要垫高。

②降温。用凉水或50%酒精擦其全身,直到皮肤发红、血管扩张以促进散热。

③补充水分和无机盐类。能饮水的患者应鼓励其喝足量盐开水或其他饮料,不能饮水者,应予静脉补液。

④及时处理呼吸、循环衰竭。呼吸衰竭时,可注射尼可刹明或山梗茶硷;循环衰竭时,可注射鲁明那钠等镇静药。

⑤医疗条件不完善时,应对患者严密观察,精心护理,送往附近医院进行抢救。

6.传染病急救措施

由于施工现场的人员较多,如果控制不当,容易造成集体感染传染病。因此需要采取正确的措施加以处理,防止大面积人员感染传染病。

(1)如发现员工有集体发烧、咳嗽等不良症状,应立即报告现场负责人和有关主管部门,对患者进行隔离加以控制,同时启动应急救援方案。

(2)立即把患者送往医院进行诊治,陪同人员必须做好防护隔离措施。

(3)对可能出现病因的场所进行隔离、消毒,严格控制疾病的再次传播。

(4)加强现场员工的教育和管理,落实各级责任制,严格履行员工进出现场登记手续,做好病情的监测工作。

参 考 文 献

[1] 中华人民共和国住房和城乡建设部.建筑装饰装修工程质量验收规范
    (GB 50210—2001)[S].北京:中国建筑工业出版社,2001.
[2] 建设部干部学院.油漆工.[M].武汉:华中科技大学出版社,2009.
[3] 建筑工人职业技能培训教材编委会.油漆工(第二版)[M].北京:中国
    建筑工业出版社,2015.
[4] 中国工程建设标准化协会.建筑装饰工程木制品制作与安装技术规程
    (CECS288:2011)[S].北京:中国计划出版社,2011.
[5] 中华人民共和国住房和城乡建设部.住宅装饰装修工程施工规范(GB
    50327—2001)[S].北京:中国建筑工业出版社,2001.
[6] 中华人民共和国住房和城乡建设部.建筑施工安全技术统一规范(GB
    50870—2013)[S].北京:中国建筑工业出版社,2014.
[7] 建设部人事教育司.油漆工[M].北京:中国建筑工业出版社,2002.